Nora Zulema López Salazar
Eduardo Valdez Romero
Judi Judith Esquivel Marín

Tendencias y Alternativas Productivas en el Sector Agropecuario

AF377488

Nora Zulema López Salazar
Eduardo Valdez Romero
Judi Judith Esquivel Marín

Tendencias y Alternativas Productivas en el Sector Agropecuario

Recopilación de capítulos agropecuarios

Editorial Académica Española

Imprint

Any brand names and product names mentioned in this book are subject to trademark, brand or patent protection and are trademarks or registered trademarks of their respective holders. The use of brand names, product names, common names, trade names, product descriptions etc. even without a particular marking in this work is in no way to be construed to mean that such names may be regarded as unrestricted in respect of trademark and brand protection legislation and could thus be used by anyone.

Cover image: www.ingimage.com

Publisher:
Editorial Académica Española
is a trademark of
International Book Market Service Ltd., member of OmniScriptum Publishing Group
17 Meldrum Street, Beau Bassin 71504, Mauritius
Printed at: see last page
ISBN: 978-620-3-03438-7

Copyright © Nora Zulema López Salazar, Eduardo Valdez Romero, Judi Judith Esquivel Marín
Copyright © 2021 International Book Market Service Ltd., member of OmniScriptum Publishing Group

TENDENCIAS Y ALTERNATIVAS PRODUCTIVAS EN EL SECTOR AGROPECUARIO

TENDENCIAS Y ALTERNATIVAS PRODUCTIVAS

EN EL SECTOR AGROPECUARIO

Autores:

Juan Manuel Ramírez Reyes

Judi Judith Esquivel Marín

Nora Zulema López Salazar

Eduardo Valdez Romero

Elba González Aguayo

TABLA DE CONTENIDO

PRÓLOGO

Con la temática *"Tendencias y alternativas productivas en el sector agropecuario"* se exhibe como un libro que aglutina un conjunto de investigaciones donde se abordan diversos temas de interés enfocados en el sector agropecuario, los cuales invitan a analizar algunas de las principales tendencias tanto en el área agrícola como pecuaria, pero también a concebir la producción desde una postura amigable con el medio ambiente.

De este modo, el libro está constituido de cinco capítulos con temas de interés y vanguardia en la actualidad, como lo son: Agricultura de precisión, Burros: origen, usos y beneficios, Caracterización del ganado Wagyu y su posible establecimiento en centro-norte de México, El Nopal: una fuente de alimento y desarrollo y por ultimo Hongos silvestres comestibles como alternativa productiva.

Mediante estos capítulos se desarrollan temas que pretenden coadyuvar comprender la diversidad de alternativas productivas y las tendencias actuales en el sector agropecuario en términos simplificados que permitirán a cualquier lector un grado de comprensión de los temas que se abordan.

PRESENTACIÓN

La humanidad en su necesidad de comprender el entorno que lo rodea y aprovecharlo para la satisfacción de sus necesidades ha logrado generar avances en la ciencia que le ha permito utilizar la tecnología para llegar a ser un dinamizador importante de desarrollo.

Actualmente la producción agropecuaria en el mundo enfrenta el gran reto de generar alimentos suficientes para nuestro beneficio y de las futuras generaciones, sin poner en riesgo al ambiente natural o las interacciones sociales. Es por esto que, se debe buscar que la tecnología sea creativa e innovadora con el fin de mejorar las condiciones generales de la región donde se desarrolla.

El sector agropecuario mexicano ha enfrentado transformaciones profundas durante las tres últimas décadas. El continuo proceso de urbanización, el intenso proceso de globalización y las transformaciones demográficas han configurado un nuevo entorno para el sector agropecuario (Escalante, at. al., 2005 y 2007), el cual se caracteriza por cambios tecnológicos que redundan en mejoras de la productividad, nuevos cultivos que se ajustan a las exigencias de un mercado internacional, modificaciones genéticas que mejoran las variedades de los productos, nuevos esquemas organizacionales que dinamicen las formas de comercialización y modifican los métodos de inserción en el mercado mundial e incluso, el surgimiento de nuevos esquemas de desarrollo rural (Escalante y Rello, 2000, Ibarra y Acosta, 2003).

De la misma manera, estos cambios también impactan al sector agropecuario en sus interacciones con el mercado interno y tienden a polarizar la situación del campo entre un sector asociado al mercado exportador, que cuenta con inversiones cuantiosas que le permiten mejorar su productividad e introducir mejoras tecnológicas, y la agricultura tradicional de subsistencia que aumenta la producción sobre la base de métodos extensivos (Rodríguez, et. al., 1998). De acuerdo con datos de SIAP, en el 2018 México ocupó el onceavo lugar en producción de alimentos a nivel mundial. Este puesto es resultado de tres principales elementos: la tecnología, los recursos naturales y los recursos humanos.

En este contexto, el presente trabajo tiene por objetivo exponer algunas tendencias y alternativas productivas en el sector agropecuario mexicano. El libro, está dividido en cinco capítulos. En el primero de ellos se describe a la Agricultura de precisión, en el segundo se justifica la importancia de una especie animal de importancia agropecuaria como lo es el burro, en el tercero se intenta caracterizar al ganado Wagyu y su posible establecimiento en una región de importancia económica del país, el cuarto describe al nopal como una fuente importante de alimento y desarrollo regional, finalmente en el quinto capítulo se mencionan a diferentes hongos silvestres como una alternativa productiva.

CAPÍTULO 1. AGRICULTURA DE PRECISIÓN

Juan Manuel Ramírez Reyes
Unidad Académica de Medicina Veterinaria y Zootecnia
Universidad Autónoma de Zacatecas

INTRODUCCIÓN

Lo que ha caracterizado a las diversas culturas y su evolución en el transcurso de la historia ha sido el grado de desarrollo tecnológico en la agrícola y en la actividad militar (Agüera y Pérez, 2013). La agricultura de precisión (AP) es un concepto agronómico de gestión de parcelas agrícolas, que se basa en la existencia de variabilidad del campo. Utilizando tecnologías informáticas donde se adecua el manejo de suelos y cultivos a la variabilidad existente dentro de lote o región. La AP echa mano de sistemas de posicionamiento global (GPS), sensores, satélites e imágenes aéreas, al igual que sistemas de información geográfica, permitiendo tener un manejo óptimo de grandes extensiones. Se puede utilizar en estimaciones para rendimientos de cultivos, análisis para dosis y tipo de fertilizante, fecha de siembra, densidad de semilla, espaciado entre hierba, entre otros. La utilidad de AP es considerada relativa a la agricultura sostenible. Se debe evitar la misma práctica a un cultivo, sin tener en cuenta las condiciones en las que se encuentra el suelo, clima y estado de salud de las plantas.

A largo plazo es cuando se reflejaría el impacto, mejorando la calidad del medio ambiente, recursos naturales, humanos, económicos y sociales. Para que la agricultura sea sostenible se deben implementar prácticas socialmente aceptables y rentables (Quevedo et al., 2006; Marote, 2010). La incorporación conjunta de la tecnología existente en la AP da garantía de éxito en la producción, pero esto es más notorio en grandes extensiones de terreno, lo que dificulta su utilidad en países en vías de desarrollo dado el costo de inversión, ya que es maquinaria especializada (Gómez et al., 2016). Dentro de la AP se enlistan las siguientes técnicas de aplicación tecnológica: Precepción remota; Sistemas de posicionamiento global; Tecnologías de información y comunicación agrícola; Sistema de información geográfica y plataformas multimedia; Monitores de rendimiento y mapeo; Tecnologías de tasas variables; y aeronaves pilotadas remotamente. El objetivo del presente trabajo es conocer el panorama actual de la AP, ventajas y debilidades, y en que consiste cada una de sus herramientas tecnológicas.

AGRICULTURA DE PRECISIÓN

Lo que ha caracterizado a las diversas culturas y su evolución en el transcurso de la historia ha sido el grado de desarrollo tecnológico en la agrícola y en la actividad militar, en algunos casos estos dos conceptos han ido a la par desde la prehistoria, como es el caso del manejo de los animales domesticados o la metalurgia. El uso de maquinaria agrícola como tractores e implementos fue un cambio de paradigma para los agricultores de esos tiempos. En un intervalo corto de tiempo se sustituyó el uso de animales domésticos y lo relacionado con ellos como la alimentación, lugar donde alojarlos, sanidad animal, herraje y manejo por el uso de combustibles, refacciones, engranajes, entre otros, indispensables para el manejo de los vehículos motorizados. Actualmente la historia se repite (Agüera y Pérez, 2013).

La agricultura de precisión (AP) es un concepto agronómico de gestión de parcelas agrícolas, que se basa en la existencia de variabilidad del campo. Es la utilización de tecnologías informáticas donde se adecua el manejo de suelos y cultivos a la variabilidad existente dentro de lote. La AP echa mano de sistemas de posicionamiento global (GPS), sensores, satélites e imágenes aéreas, al igual que sistemas de información geográfica, permitiendo tener un manejo óptimo de grandes extensiones. Una de las principales ventajas es que el análisis de los resultados de ensayos se puede adecuar a sectores distintos o subparcelas dentro de un mismo lote, pudiéndose ajustar el manejo diferencial dentro de estos. Se puede utilizar en estimaciones para rendimientos de cultivos, análisis para dosis y tipo de fertilizante, fecha de siembra, densidad de semilla, espaciado entre hierba, entre otros. La agricultura de precisión (AP) está basada en aplicar la cantidad correcta de insumos, en el momento preciso y en el lugar exacto, de esta manera, se pueden mejorar los márgenes en el aumento del rendimiento productivo, reduciendo los insumos consumidos. La AP más allá de un concepto nuevo y revolucionario se refiere a una serie de elementos y sistemas que facilitan la mejora y automatizan los procesos productivos (Fernández-Quintanilla, 2002; García y Flego, 2008; Marote, 2010).

Esta tecnología cuenta con herramientas clave, como los GPS y la electrónica, y elementos para recopilar información en tiempo real para predecir que sucede o sucedió en los cultivos. En la actualidad la tecnología le permite al productor medir, manejar y analizar la variabilidad dentro de lote, anteriormente era conocida pero no manejable. El manejo de la variabilidad de productividad dentro de lote y maximizar los rendimientos siempre han sido un reto para los productores, en especial para los que carecen de recurso suelo (Chartuni et al., 2007; García y Flego, 2008). La utilidad de AP es considerada relativa a la agricultura sostenible. Se debe evitar la misma práctica a un cultivo, sin tener en cuenta las condiciones en las que se encuentra el suelo, clima y estado de salud de las plantas. A largo plazo es cuando se reflejaría el impacto, mejorando la calidad del medio ambiente, recursos naturales, humanos, económicos y sociales. Para que la agricultura sea sostenible se deben implementar prácticas socialmente aceptables y rentables (Quevedo et al., 2006; Marote, 2010). En la figura 1 se muestra la relación de los elementos que componen a la AP, también los resultados que se esperarían obtener.

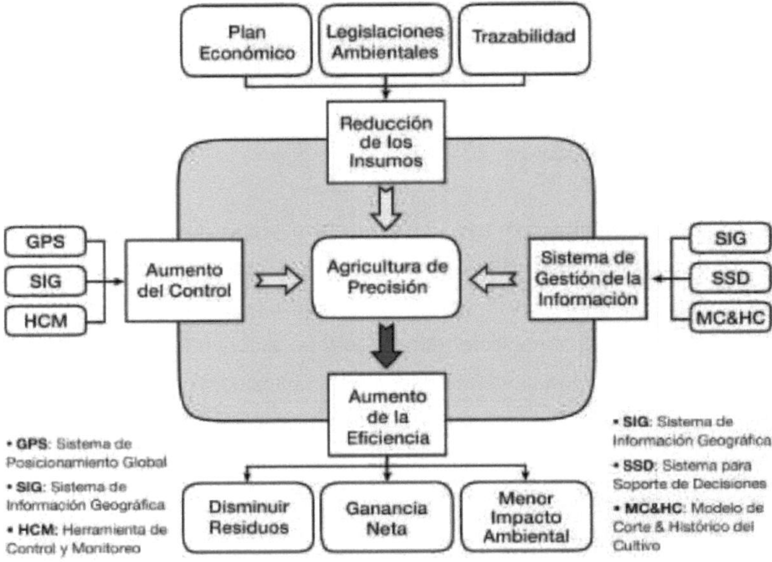

Fig. 1. Interacción entre varios elementos que integran la AP (Fuente: Marote, 2010).

El conjunto de estas herramientas permite realizar la colección de información la cual se plasma en mapas digitales y a partir de estos, tomar decisiones en el manejo. Para el adecuado uso de la AP se sugieren tres criterios: Que la variación de los factores dentro del área de cultivo influya en la producción final; Que la variabilidad existente sea detectable; la información obtenida se puede usar para eficientizar las prácticas en el manejo de los cultivos, pudiendo lograr una mejor productividad (González et al., 2016). Torres et al. (2012) y Rojas (2016), mencionan las ventajas y desventajas en la AP, las cuales se enlistan a continuación:

Ventajas

- Colabora en la sostenibilidad en el aprovechamiento del recurso natural garantizando la rentabilidad agrícola transformándose en un aporte monetario en las explotaciones agropecuarias.

- Tiene las cualidades para recabar información de las variables que integran el campo de manera precisa y certera.
- Decremento en los costos de producción originado a la disminución de insumos utilizados y de trabajo invertido
- Mejora en la calidad de los productos por el uso adecuado y eficiente de los requerimientos e insumos que se necesitan
- Menor impacto ambiental
- Observación temprana de problemas

Desventajas

- Limitado acceso a información originado a la conectividad de redes telemétricas en zonas rurales
- Reducida compatibilidad con los recursos que existen, dificultando la absorción de nuevas tecnologías
- La disponibilidad no está para todos los productores, orientada a productores de gran escala
- Necesidad de tener habilidad informática para su implementación

PERCEPCIÓN REMOTA

Se describe como la ciencia que obtiene información de un objeto, fenómeno o área mediante el análisis de datos obtenidos con un sensor remoto el cual no está en contacto directo con el sujeto estudiado. El sensor remoto puede estar ubicado a unos cuantos centímetros o incluso a kilómetros, todo depende del sistema que se utiliza y de la información que se desea obtener (García y Flego, 2008).

Un sensor es cualquier dispositivo que convierte una magnitud física en señales eléctricas y brinda información, la cual se procesa en un ordenador. Tiene como función determinar la posición de la maquinaria, velocidad, temperatura, estado funcional, cantidad de gano cosechado, fertilidad del suelo en una determinada parcela, cantidad o nivel de vegetación, etc. De las aplicaciones en el campo agrícola es el uso de sensores que se encargan de cuantificar el caudal instantáneo de grano que se almacena en la tolva de las cosechadoras, llevando a cabo la pesada considerando aspectos como temperatura y humedad del grano. Entonces, los sensores están encargados de capturar la información de cultivos, suelo, humedad, precipitaciones, con tecnologías inalámbricas como el Wi-Fi, redes celulares y Bluetooth, obteniendo datos sobre el crecimiento de las plantas, condición del suelo, sanidad vegetal, fertilizantes, cantidad de agua (García y Flego, 2008; Urano-Molano, 2013; Arley y Llano, 2016).

Redes de sensores inalámbricos. Es una tecnología que va en crecimiento para la obtención de información y es de gran interés dadas sus posibilidades, pudiéndose aplicar en muchos ámbitos como en lo científico e industrial para la elaboración de investigaciones y el manejo de procesos productivos (López, 2012). Es un sistema de dispositivos autónomos que utiliza sensores distribuidos espacialmente para monitorear conjuntamente condiciones ambientales o físicas, como la temperatura, humedad, precipitación, radiación solar en diversos puntos del terreno. Las ventajas de utilizar esta tecnología es que reduce y simplifica el cableado, se ubican los sensores en lugares alejados y peligrosos, son de fácil instalación, tamaño pequeño, requieren poca potencia, la integración no requiere mucho gasto económico (Urano-Molano, 2013; García et al., 2017). La red de sensores hace posible la automatización de procesos, utilizando actuadores de ventilación, irrigación, ventilación. De esta manera se pueden reducir los tiempos de instalación, recolección de información y mantenimiento si se compara con los métodos tradicionales, pudiéndose realizar evaluaciones con mayor precisión (López et al., 2010).

Maquinas con tecnología de distribución variable basadas en sensor. Se ajusta automáticamente la dosis a aplicar dependiente de la información recibida por un sensor óptico por teledetección el cual analiza el espectro que refleja la luz en el cultivo. Hablando de fertilización, la maquinaria cuenta con 4 sensores ópticos que analizan la luz que reflejan los cultivos sobre la maquinaria, de esta manera se calcula durante el transcurso la dosis adecuada a aplicar mediante un modelo precargado, que se ajusta a las condiciones en que se encuentra, de esta manera, la dosis se adecua en cada instante (Agüera y Pérez, 2013).

Abonado nitrogenado con maquina VRT con sensores ópticos. (Fuente: Agüera y Pérez, 2013).

Internet de las cosas (IoT). La AP también puede llevarse a cabo por el internet de las cosas, este método consiste en la conjunción de sensores y dispositivos en lugares u objetos para que queden conectados a internet por medio de redes fijas e inalámbricas que pueden capturar datos de forma autónoma. El IoT es promovido por un conjunto de métodos y procedimientos que utilizan sensores, una red y un dispositivo final, proporcionando al usuario un reporte de datos de manera práctica y legible (Quiroga et al., 2017).

SGreenH-IoT es un ejemplo de una plataforma IoT de bajo costo y consumo energético que se utiliza para el monitoreo de parcelas de cultivo e invernaderos, esta plataforma está constituida por una arquitectura de 4 capas, un protocolo de comunicación, diseño de nodos de bajo costo y consumo energético, una aplicación WEB para observar los datos. La utilización de esta plataforma es exitosa para la colección de datos y colabora en la toma de decisiones, la cual no pierde información (Guerrero-Ibáñez et al., 2017).

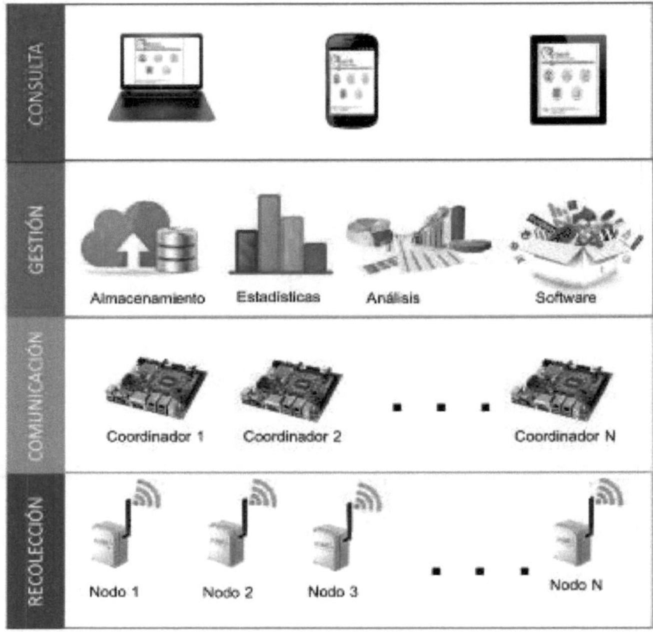

Arquitectura de capas de SGreenH-IoT (Fuente: Guerrero-Ibáñez et al., 2017)

SISTEMAS DE POSICIONAMIENTO GLOBAL (GPS)

El GPS fue desarrollado por los Estados Unidos de América con fines bélicos al final de la guerra fría, posterior a esta fase, se empezó a implementar su uso en el área civil, principalmente en la aviación y náutica. Este sistema está basado en la navegación de emisiones satelitales.

Permite ubicar y localizar en cualquier punto geográfico a individuos u objetos en tiempo real, tiene una precisión variada entre 5 a 20 metros.

En el campo agropecuario tiene un amplio terreno de aplicación, pudiendo ayudar en conocer la superficie de un potero, siembra de cultivos, fraccionar lotes de siembra o pastoreo, etc. Esta tecnología brinda la posibilidad de grabar el recorrido aéreo a trabajar, midiendo la altura de cada punto del recorrido con respeto al nivel del mar. A mayores puntos tomados, más preciso será el análisis.

El GPS está conformado por 24 satélites, los cuales permiten saber la posición en cualquier lugar del planeta, sin importar las condiciones meteorológicas o la hora del día. Estos satélites analizan los datos que permiten conocer la posición exacta. Una vez encendido un receptor portátil se reciben la señales satelitales, se necesita la señal de al menos tres satélites para que el receptor proporcione la posición (García y Flego, 2008). En este sistema sobresalen los sistemas GLONASS, Galileo, GPS y BeiDou (Arley y Llano, 2016). El GPS se utiliza en muchas disciplinas ejemplo de ello son la geodesia, geofísica, geodinámica, astronomía, meteorología, cartografía o topografía, en la navegación marina, aérea o terrestre, en la sincronización del tiempo, para controlar flotas y maquinarias, en la localización automática de vehículos o en la exploración, deportes de aventura y actualmente la agricultura (Lago et al., 2011).

El guiado semiautomático. Es la incorporación de un sistema de posicionamiento DGPS a la maquinaria que hace posible conocer en tiempo real el posicionamiento y con la ayuda de un panel grafico se pude trazar líneas rectas perfectas para trabajar los lotes (García y Flego, 2008).

Dispositivos electrónicos. Son pequeños ordenadores portátiles, instalados en la maquinaria agrícola, almacenando y procesando información proveniente de sensores, representándose gráficamente en pantalla. Teniendo función de control, de esta manera manipular la maquinaria, regulando la velocidad y controlando o regulando la cantidad de insumos utilizados (García y Flego, 2008).

Ayuda al guiado. Uniformidad de operaciones mecánicas. El objetivo es garantizar que una operación establecida sea realizada uniformemente y de manera homogénea en toda la parcela a trabajar. Una causa que influye en que este objetivo no se cumpla es la velocidad con la que trabajan las maquinas mientras se mantiene constante la salida del producto administrado, esto provoca que las zonas donde se disminuye la velocidad reciba mayor dosis de producto que en las zonas donde se aplicó mayor velocidad. Los GPS aparte de brindar las coordenadas para la localización de la maquinaria, también dan la velocidad en tiempo real en la que se mueve. De esta manera, es utilizada por los equipos controladores regulando la salida del producto adaptando el valor adecuado para una aplicación constante, teniendo mayor precisión que otros sistemas. Otro error que provoca la falta de uniformidad es causada por los solapes y huecos generados por la distancia entre las pasadas contiguas. Los sistemas de guiado automático aparte de indicar el error relativo, trabajan de manera automática sobre la dirección del vehículo sin necesidad de que el operador intervenga. Actualmente existen modelos que van sobre el volante, y otros modelos más sofisticados con mayor exactitud y precisión que van en el sistema hidráulico de la dirección (Agüera y Pérez, 2013).

Monitor con barras de luces para ayuda al guiado (Fuente: Agüera y Pérez, 2013)

Un sistema guiado por GPS es implementado para que el equipo siga una trayectoria preestablecida en un mapa. Se utiliza en pulverizadoras auto tripuladas o en aviones aplicadores. Cuenta con piloto y volante automático, lo cual hace posible que el implemento siga la trayectoria establecida, trabajando en curvas o línea recta. Ayuda a que el operador siga una línea recta a través de indicaciones en la pantalla y avisos sonoros. Es posible instalar este sistema en cualquier cabina que cuente con corriente eléctrica (García y Flego, 2008).

TECNOLOGÍAS DE INFORMACIÓN Y COMUNICACIÓN AGRÍCOLA (TIC).

El desarrollo de TIC permite incorporar distintas metodologías, generando que el hombre intervenga menos en actividades del campo con el uso de aparatos electrónicos autónomos de mediana y grande escala, los cuales hacen posible la inspección, guardia y cálculo de variables, pudiéndose manipular desde la WEB o desde un dispositivo móvil para después realizar el análisis de datos. TIC es un elemento de gran importancia la cual genera soluciones a problemáticas existentes en el mundo como lo es el cambio climático, dicha tecnología en la actualidad se están utilizando para reducir las emociones y ayudan a las naciones a adaptarse a los efectos que el cambio climático genera (Muñoz et al, 2017).

SISTEMA DE INFORMACIÓN GEOGRÁFICA (SIG) Y PLATAFORMAS MULTIMEDIA

Un sistema de información geográfica es un programa computacional que almacena, analiza y muestra información cartográfica. Está basada en elementos hardware y software permitiendo la integración, procesamiento y análisis de información geográfica pudiéndose observar los datos en un mapa (Uva y Campanella, 2009). La información no se muestra en un mapa de superficie terrestre, sino más bien como datos. Los datos contienen toda la información espacial de un mapa, siendo más flexibles en la representación, generado nuevos mapas desde los que ya existen. Se pueden representar los datos de dos formas distintas: modo vector y modo rastreo. El vector se toman en cuenta las características de superficie como líneas, rectas o polígonos. Cada característica debe estar especificada por la ubicación en la superficie, teniendo relación espacial con las demás características del entorno. Este método se utiliza más en zonas urbanas; Rastro, es el método predeterminado para el análisis de imágenes digitalizadas, análisis estadísticos y datos remotos. Se almacenan los datos en pixeles, ubicados en rejillas, haciendo general la localización de caracteres (García y Flego, 2008). El reto con esta tecnología es el análisis adecuado. El software agrícola aun no contiene un acuerdo internacional en la compatibilidad con las diversas tecnologías que se utilizan en la AP, aunque existen propuestas para la estandarización como la realizada por la Organización Internacional de Estandarización (ISO) en la norma ISO11783. Dicha estandarización permitiría la compatibilidad entre los diversos dispositivos (Santillán y Rentería, 2018).

Software. Colabora a que el agricultor manipule operaciones en la explotación agrícola desde su caso u oficina. Administrando costos y realizando seguimientos relacionados con características del campo, cultivos, rendimientos, maquinarias, agroquímicos, fertilizantes, etc. En la actualidad es sencillo realizar estas operaciones (García y Flego, 2008). Un software consta de alimentadores que nutren de información al sistema; framework para la edición de flujos el cual se encarga de hacer la conexión de alimentadores de información para el sistema, recibir datos y almacenarlos; Base de datos para el almacenaje de información; y un módulo de riego para el análisis de la información obtenida (García, 2016)

MONITORES DE RENDIMIENTO Y MAPEO

Producen información a detalle de la producción en campo, arrojando parámetros para el diagnóstico y corrección de causas que producen bajos rendimientos en algunas regiones del campo determinadas o para evaluar el por qué el rendimiento fue mayor en algunas otras. Entonces, un monitor de rendimiento es un sistema que procesa información de sensores y por medio de un software estima el rendimiento de un cultivo en base al espacio y tiempo, tomando en cuenta la información de la localización por parcela proporcionado por el GPS, proyectándose el resultado en un mapa. Los componentes del monitor de rendimiento son los siguientes: Sensor de flujo de grano; Sensor de humedad de grano; Sensor de velocidad de avance; antena GPS. La información generada se almacena en capas, cada una de ellas según su origen topográfico. De tal manera que abra capas para los ríos, vegetación, poblaciones humanas, siendo más sencillo el acceso a esta información (García y Flego, 2008). De esta manera, los monitores de rendimiento captan datos sobre la cantidad de granos cosechados y la calidad de estos. Por otro lado, existen monitores de aplicación variable, utilizados para dosificar la cantidad en la administración de insumos por parcelas en el terreno, como es en los agroquímicos y semillas. Con la información recabada se generan mapas de producción, características del suelo y predicciones del crecimiento vegetal (Santillán y Rentería, 2018).

Mapas de rendimiento. Son imágenes georreferenciadas en escala de colores que señalan el rendimiento de un lugar específico. El desarrollo lo realizan investigadores y agrónomos, donde los productores o agricultores pagan un alto costo para su obtención. Entonces, los mapas de rendimiento son entradas para la administración de Dosis variable de varios agroquímicos que requiere un cultivo determinado. Las maquinarias como las cosechadoras y fertilizadoras requieren de la instalación de una computadora para el control y monitoreo, pudiéndose utilizar a la vez sensores de flujo para la medición y registro del rendimiento específico (Lago et al., 2011).

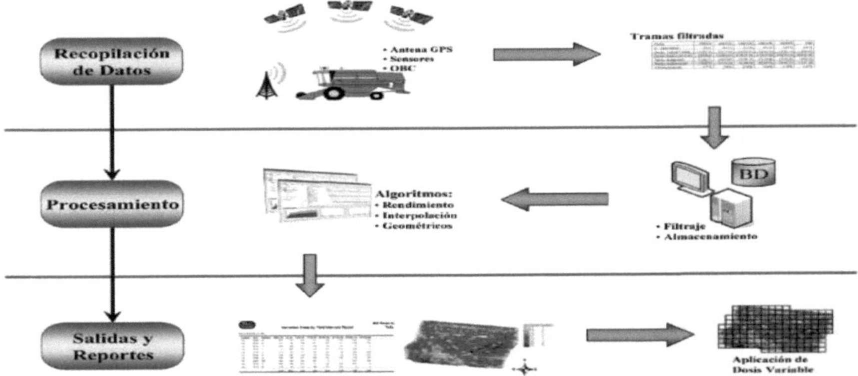

Proceso para generar mapas de rendimiento (Fuente: Lago et al., 2011)

TECNOLOGÍA DE TASA VARIABLE (VRT)

Se refiere a componentes de aplicación de fertilizantes, herbicidas, pesticidas, agua y suplementos-complementos que necesitan los cultivos específicos por sitio. Ya que según el lugar o región, las necesidades y requerimientos varían. De esta manera, VRT es de gran importancia para la optimación de recursos (Arley y Llano, 2016). Esta tecnología permite adecuar la dosis necesaria dependiente al mapa de aplicación que se realizó con GIS. Es necesario echar mano del GPS para conocer la posición del lote.

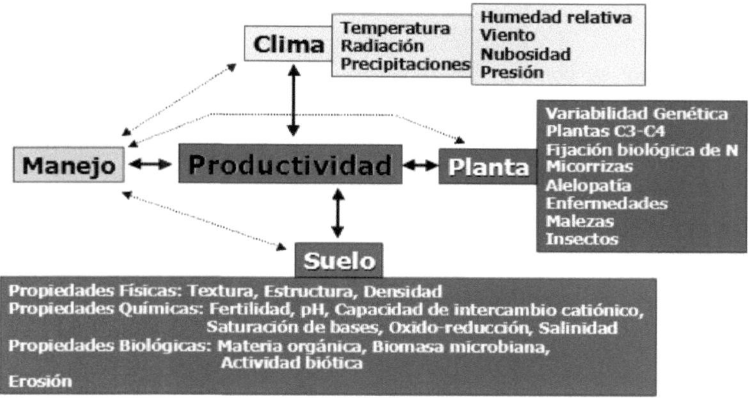

Factores que afectan la productividad en los cultivos (Fuente: García, 2002)

La incorporación conjunta de la tecnología existente en la AP da garantía de éxito en la producción, pero esto es más notorio en grandes extensiones de terreno, lo que dificulta su utilidad en países en vías de desarrollo dado el costo de inversión, ya que es maquinaria especializada (Gómez et al., 2016).

AERONAVES PILOTADAS REMOTAMENTE (DRONES)

Son aviones o multirrotores controlados de forma remota o los cuales siguen un plan de vuelo programado. Los Drones se desarrollaron por el ejército de los Estados Unidos de América pero no se podían controlar a grandes distancias, de este modo volaban por brechas establecidas, operados fuera del control interno, de esta manera se le denomina Dron a cualquier maquinaria que vuela sin el control del ser humano (Berrio et al., 2015). El uso de drones en la toma de imágenes aéreas tiene una elevada resolución, contiene infinidad de beneficios en comparación del uso de aviones tripulados y satélites con los mismos fines, debido a que brindan una mejor calidad en los mapas, trabajando la región específica y pueden volar por terrenos de difícil acceso (Kharuf-Gutierrez et al., 2018). Los Drones ofertan soluciones novedosas y de baja inversión en la obtención de imágenes en lugares donde es difícil acceder, estimando variables agroclimáticas y monitoreo de cultivos, el uso de estos se ha incrementado en los últimos años por su costo y la facilidad de su compra (Arley y Llano, 2016). Las ventajas del uso de Drones sobre el uso de aviones tripulados o satélites para la captura de imágenes aéreas de alta resolución son las siguientes: la altitud de vuelo es menor que en los aviones tripulados, existiendo menos aire entre el sensor y el objetivo. El color es mejor y se diferencian coberturas y objetos de fácil manera, conteniendo mayor información por pixel; la distorsión de imagen es removida gracias a que el recubrimiento del objetivo abarca todos los ángulos, existe menos presencia de sombra (Berrio et al., 2015).

Existen reportes que mediante el uso de drones, vistos desde el punto de vista tecnológico, se posibilita la resolución de los problemas presentes en terrenos de cultivos de grandes dimensiones, debido a que con cámaras de alta definición y datos geográficos pueden recorrer más de mil hectáreas en menos de una hora. De estará manera estos dispositivos captan detalles que a simple vista se pasan por alto, colaborando en la toma de decisiones con mayor precisión y eficientanzando la productividad en el campo (González et al., 2016).

Utilizando drones en la AP se toman imágenes provenientes de cámaras hiperespectrales que capturan datos del espectro electromagnético incluyendo el espectro visible con frecuencias de cada banda pequeña, las cámaras multiespectrales que obtienen el RGB más otros tipos de banda con información adjunta además de lo visible; las cámaras infrarrojas o térmicas utilizar para la obtención de las distintas bandas de espectro, que utilizándola de manera oportuna hace posible adquirir información para la generación de las valoraciones de los cultivos en tratamiento y, de esta manera, efectuar apoyo de manera puntual y especifico a los cultivos. De otra manera, en la agricultura tradicional, se administran de manera general los insumos o fertilizantes para la prevención y/o tratamiento de enfermedades sin considerar las variaciones en el espacio de los distintos factores que intervienen en el desarrollo de cultivos; entonces, no se le presta la atención adecuada generándose así, gastos innecesarios, aumentando los costos de producción (Garcia-Cervigon, 2015; González et al., 2016). Con las imágenes captadas con los drones se posibilita los siguientes diagnósticos:

- Gestiones hídricas
- Fertilización
- Estrés nutricional
- Detección de enfermedades
- Cosechas selectivas
- Control en cultivos y estimación de producción
- Información agrometeorológica en tiempo real
- Inventario de áreas de cultivo
- Supervisión de áreas tratadas con productos fitosanitarios
- Índices relativos a calidad de cultivos

De la misma manera que los aviones tripulados, los drones son clasificados según la condición en que se sustentan como ala fija o multirrotores, o dependiendo del tipo de propulsión como los eléctricos, a reacción, turbohélices, entre otros. Según el tiempo de autonomía, altura máxima de vuelo en escala de imagen y el alcance con el que cuentan. La carga útil de los dispositivos es dependiente de los trabajos que se realizaran, habitualmente se equipan con GPS, cámaras de alta resolución, topográficas o miltiespectrales, videocámaras, sensores, conectividad a red telefónicas, etc. (Di leo, 2015).

Drones utilizados en la agricultura, multirrotor y ala fija (Fuente: Pino, 2019)

Índice diferencia de vegetación normalizado. Es utilizado para la estimación del desarrollo, la cantidad, calidad de la vegetación, basada en la cuantificación de intensidad radioactiva que la vegetación refleja y es posible visualizarse con el uso de las bandas del espectro electromagnético. Esta técnica es utilizada a nivel mundial para la estimación de las sequias, supervivencia y predicción de producción agrícola, zonas de riego para incendios, evaluar la desertificación (Castro et al., 2009; Garcia-Cervigon, 2015; González et al., 2016)

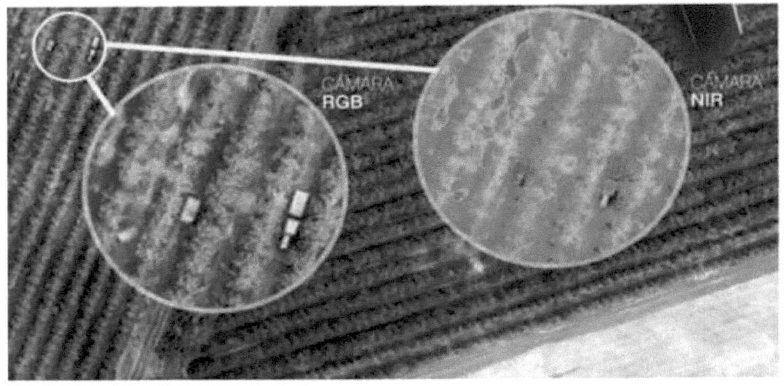

Imágenes según el tipo de cámara y espectros (Fuente: Pino, 2019)

CONCLUSIONES

La incorporación conjunta de la tecnología existente en la Agricultura de Precisión da garantía de éxito en la producción, siendo una alternativa para que la agricultura actual sea rentable y sostenible, a su vez se reduciría el impacto ambiental que de manera tradicional se genera. Es importante visualizar a la agricultura de preservación como una solución a corto, mediano y largo plazo para la problemática existente, incrementar la producción en menos terreno cultivado y con inversión menor en insumos, teniendo efecto directo en la eficiencia productiva; y desde el panorama ambiental, reduciendo la cantidad de herbicidas, plaguicidas y agroquímicos, a su vez, reduciendo el uso de maquinaria pesada, conservando el recurso suelo, y eficientizando el uso del agua.

Esta tecnología genera una limitante para pequeños productores, debido a la inversión inicial para la adquisición de equipos, la cual es se puede subsanar con subsidios o formando sociedades para la adquisición y uso de estos.

REFERENCIAS

García, E., y Flego, F. 2008. Agricultura de precisión. Revista Ciencia y Tecnología, 8, 99-115.

Marote, M. L. 2010. Agricultura de precisión. Ciencia y tecnología, 10, 151.

Arley, O. O., y Llano R. G. 2016. Sistemas de información enfocados en tecnologías de agricultura de precisión y aplicables a la caña de azúcar, una revisión. Revista Ingenierías Universidad de Medellín, 15(28), 103-124.

Berrio, M. V. A. B., Téllez, J. M., y Velasquez, D. F. A. 2015. Uso de drones para el análisis de imágenes multiespectrales en agricultura de precisión. @ limentech, Ciencia y Tecnología Alimentaria, 13(1).

Quevedo, H, I., López, Y. R., Alfonso, P. M. H., y Roach, E. F. 2006. La aplicación de la Agricultura de Precisión: su impacto social. Revista ciencias técnicas agropecuarias, 15(3), 42-44.

Urbano-Molano, F. A. 2013. Redes de sensores inalámbricos aplicadas a optimización en agricultura de precisión para cultivos de café en Colombia. Journal de Ciencia e Ingeniería, 5(1), 46-52.

López, R. J. A. 2012. Contribución a las redes de sensores inalámbricas: estudio e implementación de soluciones hardware para agricultura de precisión (Doctoral dissertation, Universidad Politécnica de Cartagena).

Quiroga, M. E. A., Colorado, S. F. J., Muñoz, W. Y. C., y Golondrino, G. E. C. 2017. Propuesta de una arquitectura para agricultura de precisión soportada en Iot. RISTI-Revista Ibérica de Sistemas e Tecnologias de Informação, (24), 39-56.

González, A., Amarillo, G., Amarillo, M., y Sarmiento, F. 2016. Drones aplicados a la agricultura de precisión. Publicaciones e Investigación, 10, 23-37.

López, A. L., González, L. L., Brandariz, J. S., y González, X. C. 2010. Redes de sensores sin cables para agricultura de precisión en regiones minifundistas. Conama.

García-Cervigón, D. 2015. Estudio de índices de vegetación a partir de imágenes aéreas tomadas desde UAS/RPAS y aplicaciones de éstos a la agricultura de precisión.

Agüera Vega, J., y Pérez Ruiz, M. 2013. Agricultura de precisión hacia la integración de datos espaciales en la producción agraria. Ambienta: La revista del Ministerio de Medio Ambiente, 2013 (105), 12-27.

Guerrero-Ibáñez, J. A., Estrada-González, F. P., Medina-Tejeda, M. A., Rivera-Gutierrez, M. G., Alcaraz-Aguirre, J. M., Maldonado-Mendoza, C., y López-González, V. 2017. SgreenH-IoT: Plataforma IoT para agricultura de precisión. Revista Iberoamericana de sistemas, cibernética e informática, 14(2).

Fernández-Quintanilla. 2002. "Agricultura de Precisión," Ciencia y Medioambiente. Segundas jornadas científicas sobre medio Ambiente del CCMA-CSIC, pp. 189–19.

Lago González, C., Sepúlveda Peña, J. C., Barroso Abreu, R., Fernández Peña, F. Ó., Maciá Pérez, F., y Lorenzo, J. 2011. Sistema para la generación automática de mapas de rendimiento. Aplicación en la agricultura de precisión. Idesia (Arica), 29(1), 59-69.

López, J. E. G., Chavez, J. C., y Sánchez, A. K. J. 2017. Modelado de una red de sensores y actuadores inalámbrica para aplicaciones en agricultura de precisión. In 2017 IEEE Mexican Humanitarian Technology Conference (MHTC) (pp. 109-116). IEEE.

Santillán, O. y Rentería R. 2018. Agricultura de Precisión. In Oficina de Información Científica y Tecnológica para el congreso de la Union (INCyTU) (p. 15).

Di Leo, N. 2015. Drones: nueva dimensión de la teledetección agroambiental y nuevo paradigma para la agricultura de precisión.

Moya, W. T., y Marquis, K. M. D. 2012. Aplicación de las Redes Inalámbricas de Sensores para implementar la Agricultura de Precisión en Viñedos. de V CIBELEC.

Uva, M., y Campanella, O. 2009. AP-SIG: un SIG con funciones específicas para Agricultura de Precisión. In XI Workshop de Investigadores en Ciencias de la Computación.

Castro, A., Peña, J., Garcia, L., y López, F. 2009. Discriminación de malas hierbas crucíferas en cultivos de invierno para su aplicación en agricultura de precisión. In XIII Congreso de la Asociación Española de TeledetecciónCalatayud (pp. 61-64).

Rojas, F. R., Brito, M. L., y Rojas, F. M. 2016. Agricultura de precisión con sensores inalámbricos. In Memorias de Congresos UTP (pp. 8-11).

Chartuni, E., Carvalho, F. D. A., Marcal, D., y Ruz, E. 2007. Agricultura de precisión: nuevas herramientas para mejorar la gestión tecnológica en la empresa agropecuaria. COMUNIICA (IICA) p. 24-31.

Espinoza, M. M., Andrade, R. I. M., Rojas, J. R. A., y Falcón, V. V. 2017. Tecnologías de la información y comunicación en la agricultura. Revista UNIANDES Episteme, 4(1), 105-116.

Kharuf-Gutierrez, S., Hernández-Santana, L., Orozco-Morales, R., Aday Díaz, O. D. L. C., y Delgado Mora, I. 2018. Análisis de imágenes multiespectrales adquiridas con vehículos aéreos no tripulados. Ingeniería Electrónica, Automática y Comunicaciones, 39(2), 79-91.

Gómez, A. F. G., y Clavijo, F. V. 2016. Agricultura De Precisión Y Sensores Multiespectrales Aerotransportados.

Pino, E. 2019. Los drones una herramienta para una agricultura eficiente: un futuro de alta tecnología. Idesia (Arica), 37(1), 75-84.

García, F. O. 2002. Beneficios potenciales del uso de las herramientas de Agricultura de Precisión en el diagnóstico y aplicación de fertilizantes. 3er Taller de Agricultura de Precisión del Cono Sur. Argentina: PROCISUR.

García Molina, J. J. 2016. XXI Jornadas de ingeniería del software y bases de datos. XXI Jornadas de ingeniería del software y bases de datos, 1-612.

CAPÍTULO 2. BURROS: ORIGEN, USOS Y BENEFICIOS

Judi Judith Esquivel Marin
Unidad Académica de Medicina Veterinaria y Zootecnia
Universidad Autónoma de Zacatecas

INTRODUCCIÓN

Los burros o también llamados en algunas partes del mundo como asnos han desempeñado un papel relevante en las comunidades rurales. Éstos constituían las bases de animal de carga o de transporte, sin embargo, hoy en día con la mecanización en el campo y en las áreas rurales esta especie entró en un trágico retroceso.

Es por ello, que el presente apartado, se hace una revisión de información acerca de los burros y sus bondades como especie. Además, se hace hincapié sobre los beneficios que se obtiene de la leche de noble animal. La leche de burra también es ampliamente utilizada en tratamientos para enfermedades respiratorias y como excelente agente probiótico animal. Asimismo, es de importancia hacer mención que la leche de burra es una alternativa factible con respecto a la leche de vaca y también frente a las fórmulas hidrolizadas de los infantes. Por último, se pretende poner en valor este producto y contribuir a la conservación de la especie.

BURROS, ORIGEN Y ETIMOLOGÍA

El burro o también llamado asno (*Equus africanus asinus*) es un animal doméstico de la familia de los équidos. A diferencia de sus parentelas, las cebras y los caballos, que viven en manadas, los burros silvestres son ermitaños y pueden alcanzar a vivir cerca de 40 años. Antes de la mecanización, los burros fueron usados como animales de carga debido a su potencia, su estructura ósea le confiere una gran capacidad de arrastre, incluso pudiendo arrastrar hasta cuadruplicar su propio peso, y según su edad, pueden llegar a remolcar hasta dos toneladas de peso (Medellín, Gomez de Silva, Álvarez-Romero, Ita, & Equihua, 2000).

Figura 1. El burro o también llamado asno (*Equus africanus asinus*)

CARACTERÍSTICA DE LOS BURROS

El tamaño del burro es variable de acuerdo con el tipo, la altura oscila entre 79 y 160 cm, con un promedio de 100 cm; y el peso varía entre 80 y 480 kg. Primordialmente el color del pelaje del burro puede ser de tres colores, pero según sea el tipo muestra discrepancias en la intensidad de los colores, en la distribución de su anatomía, así como en la representación: ya sea mediante franjas, o manchas. En lo general, posee una división que separa las extremidades con la espalda, una melena corta y vertical y una cola larga de pelos sueltos en la punta. El pelo puede ser liso, lanudo, rizado u ondulado y corto. Las orejas del burro son delgadas y largas por lo general se encuentran en forma erecta. Posee una cabeza visiblemente más grande de acuerdo con la proporción de su cuerpo.

Los burros prefieren tomar descansos o hacer pausas a sus jornadas de trabajo durante las horas de mayor calor. Estos son animales que actúan con debida prudencia y cautela y en el caso que consideran que el trabajo que se les asigne ponga en peligro su bienestar, o bien, si son maltratados no acceden a realizar la labor encomendada. Debido a esta característica de obstinación es por lo que se relaciona con el adjetivo de torpeza, ya que para los humanos la palabra burro igual significa o es sinónimo de tonto.

DISTRIBUCIÓN Y HÁBITAT

Los burros tienen su origen en el norte del continente africano y la península arábiga. Se cree que las razas de équidos originarias de la Península Ibérica y el norte de África han contribuido genéticamente a la formación de razas y eco tipos del continente americano (Santos Alves et al., 2020).

Figura 2. Geografía de la distribución original de *Equus asinus; sin. E. africanus* (Kingdon, 1997)

Sin embargo, su repartición actual abarca todas partes del globo terráqueo. Los burros domésticos y los burros salvajes están muy bien adaptados a la vida en el desierto, a climas cálidos y a climas secos. Diferentes propósitos llevaron a cabo la domesticación de los equinos (burros y caballos) inicialmente fue para el transporte de personas y bienes, pero estos animales también se utilizaron para diversos fines como comida, trabajo agrícola, en la guerra y actos religiosos. Hoy en día, han surgido nuevas funciones de los equinos (como el uso en los deportes y terapias en el caso de las caballos) y la producción de leche en el caso de los burros (Warmuth et al., 2012).

Los burros también pueden llegar a ser animales sociales que viven en agrupaciones de distinto número de integrantes. Las agrupaciones chicas tienen varias hembras y un macho; mientras que las agrupaciones más grandes pueden alojar varios machos y hembras. Los burros pueden romper el vínculo hacia su agrupación y recuperarla en repetidas ocasiones. Los machos en estado salvaje pueden llegar a ser dominantes de grandes territorios, pero no se crean problemas al compartir su territorio con machos subordinados (Kimura, Marshall, Beja-Pereira, & Mulligan, 2013).

Los burros interactúan muy bien con otros animales como vacas, caballos y cabras. Estos animales son pasivos y nobles, protegen a sus crías, pero ante cualquier amenaza, no titubeará en embestir, pisar o echar una fuerte patada.

ALIMENTACIÓN DE LOS BURROS

Los burros son animales con un sistema digestivo altamente resistente, lo que les permite consumir gran variedad de plantas y extraer agua del alimento de forma eficaz. Los burros con respecto a sus parientes, los caballos, requieren menores cantidades de alimento, por lo que es posible vivir en zonas consideras poco accesibles. Los burros son en su totalidad herbívoros, alimentándose prácticamente de pastos, dentro de las principales especies de pastos que consume son Eragrostis, Dactyloctenium y Chrysopogon, y están bien adaptados a comer pastos desérticos duros como Panicum y Lasiurus. y ramoneo. Se alimenta de pasto, alfalfa, arbustos y plantas desérticas, por lo que se entiende que es una dieta con alto contenido de fibra (Kingdon, 1997).

LONGEVIDAD Y REPRODUCCIÓN

De acuerdo con datos publicados, el burro logra a vivir hasta 47 años, esto en burros domésticos y 43 años para mulas. En libertad, los burros en África registran periodos de longevidad de 25 a 30 años, y en cautiverio la vida oscila cerca d ellos 40 años. (Kingdon, 1997)

El periodo de gestación de los burros es de 12 meses y las crías recién nacidas registran un peso que oscila entre 8.6 a los 13.6 kg, transcurridos 30 minutos pueden ponerse de pie para ser amamantados por la madre. A los 150 días (5 meses en promedio) después de nacer son destetados. Las hembras y los machos alcanzan la madurez sexual a los dos años, pero estos últimos suelen reproducirse hasta los 3 o 4 años, cuando son más dominantes. Tienen una expectativa de vida entre 30 y 50 años en buenas condiciones, pero en los países más subdesarrollados viven entre 12 y 15 años, debido a la alimentación deficiente y las jornadas de trabajo extenuantes a las que son sometidos. Es posible producir híbridos a partir de los burros, ya que son comúnmente cruzados con animales de su mismo género (Equus). A continuación, se mencionan algunos tipos de cruzas.

HÍBRIDOS DE LOS BURROS

El producto de cruzar burros con otros animales de su mismo género engendra animales estériles. Las cebras y caballos pueden cruzarse con los burros.

Mula

Una mula es el resultado de cruzar una yegua (es decir, un caballo hembra) con un burro. Esta cruza como ya se mencionó anteriormente, el producto es un animal estéril. Las mulas son de aspecto semejante al caballo debido a su anatomía esbelta, pero a diferencia del caballo, éstas poseen hico y las orejas del burro. Asimismo, el pelaje es de variados tonos y combinación de machas. Aquellas que viven en ambientes fríos, tienen un pelo mucho más abundante y largo que las que habitan en entornos cálidos.

Burdégano

El burdégano es la cruza de un burro hembra y un caballo macho. La apariencia de este híbrido es más similar a la del burro. Su anatomía es baja y ancha. El pelo de este híbrido es abundante y tupido que va desde su cabeza al lomo. La cola suele ser muy larga.

Cebroide (zebroide)

Un cebroide es la cruza de una cebra y un burro o cualquier otro equino. Este híbrido es considerado raro o extraño, ya que puede presentar anatomías y estaturas mezcladas de la cebra y del burro o del equino. En todos sus híbridos la manifestación de la genética de la cebra permanece mediante sus características rayas.

Cebrasno (zebrasno)

La cruza entre una cebra y un burro o asno (macho) genera un zebrasno es también un zebroide, pero más específico. Este híbrido prácticamente guarda la genética de burro, es decir, es prácticamente igual, solo presenta diminutas diferencias con respecto al modelo a en rayas en las extremidades y en su pelo.

EXTINCIÓN Y AMENAZAS

De acuerdo con su hábitat, los burros silvestres eventualmente son víctimas de leones y lobos, aunque no constituyen parte de su dieta tradicional. En los burros domésticos se reduce la posibilidad de depredación, aunque las crías, los burros enfermos y los de edad avanzada, son los más vulnerables.

A los burros se les emplea como animales de trabajo, pueden tolerar grandes pesos, avanzar largas distancias y transitar por caminos complicados; no obstante, el trabajo excesivo reduce considerablemente su calidad de vida. Emplear burros de menos de 4 años para la carga podría lastimar sus huesos de manera irreversible, ya que aún no están desarrollados por completo.

En localidades alejadas de la tecnología donde la mayoría de los habitantes no cuenta con un vehículo motorizado, los burros compensan estas necesidades, tales como, arar la tierra, transportar a personas, leña, alimento, agua etc. No obstante, la salud se ve afectada cuando no son alimentados debidamente, no reposan lo suficiente o escasea la atención médica. Asimismo, al ser animales cooperativos que no muestran señales de dolor a pesar de sentirlo, lo que a mediano o largo plazo les produce lesiones severas, cansancio extremo y agotamiento que termina por matarlos a edades prematuras.

Coexisten dos versiones en cuanto a la población de los burros en México, una de ellas es que los burros están en peligro de extinción, pero de acuerdo con los datos de la Organización de las Naciones Unidas para la Alimentación y la Agricultura (FAO), señalan que, hasta 2017, en México había 3 millones 200 mil burros e igual cantidad de mulas, y de acuerdo con esos datos, nuestro país ocupa el cuarto lugar en población de burros y en el caso de las mulas es el primer lugar. No obstante, existe una segunda versión, reportada por el INEGI, de acuerdo con los datos almacenados es que las unidades de producción rural dentro de las cuales evalúa el uso de estos animales se reportan que hay cerca de 500 mil burros. Esto señala que hay una discrepancia enorme entre lo que refiere la FAO y las cifras del INEGI. Lo que cabe señalar, es que el precio del burro en varios lugares ha ido en aumento.

DEMANDA DE PRODUCTOS OBTENIDOS A PARTIR DEL BURRO

Dentro de los productos que se pueden obtener de los burros el principal es la leche de burra, la cual es ampliamente preciada, un litro de leche de este noble animal oscila entre los $1000 pesos mexicanos (~50 dólares americanos). A continuación de describe el uso de este producto y las bondades terapéuticas que presenta.

Leche de burra

La leche de burra es popular por sus propiedades cosméticas desde épocas antiguas con la cultura egipcia, la reina faraón Cleopatra se daba baños con leche de burra, sin embargo, existe menos conocimiento acerca de sus propiedades nutricionales. En los últimos años, la leche de burra ha ido cobrando importancia, estudios muestran la posibilidad de ser utilizada en alimentación infantil en casos de alergia a la leche de vaca y cuando no es posible la amantar al bebé por parte de la madre. La leche de burra tiene una composición similar a la leche materna con una concentración baja en proteína. Además, según estudios han verificado que la leche de burra presenta actividad probiótica, como lo es la lisozima y, al mismo tiempo, sus proteínas son precursoras de péptidos bioactivos.

Composición, cualidades de nutrición y antioxidantes de la leche de burra

Los componentes nutricionales de la leche de burra están cercanos a la leche materna, especialmente en cuanto a lactosa se refiere. Además, la leche burra presenta actividad antioxidante. El contenido de grasa de la leche de burra es menor que el de la leche de vaca y la leche materna. Los aminoácidos esenciales, los ácidos grasos y la taurina en la leche de burra son mayores que los de la leche de vaca y la leche materna. Por lo tanto, la leche de burra es un alimento bajo en grasa y colesterol.

La leche de burra ha cobrado gran importancia debido a sus semejanzas con la leche materna. Tiene una gran cantidad de ácidos grasos insaturados, especialmente el ácido linoleico, y un bajo contenido de grasas y colesterol, es rica en calcio y selenio (Nayak et al., 2020). La leche de burra también tiene una fuerte actividad antioxidante, retarda el proceso de envejecimiento y es rica en tipos de sustancias que estimulan el sistema inmunológico humano (Fantuz et al., 2012). El valor medicinal de la leche de burra se registró en recetas para sucesos en la dinastía Tang como en el Compendio de Materia Médica de Li Shizhen en la dinastía Ming. En Perú, la leche de burra se usa para tratar enfermedades como asma, bronquitis, diabetes, anabrosis y gastritis (Li, Liu, & Guo, 2017). En algunos países de Europa y América, la leche de burra no es solo el componente de muchos productos biológicos, una especie de productos para el cuidado de la salud, aceptados por más y más personas. En resumen, la leche de burra tiene un alto valor nutricional y un amplio valor medicinal.

También es importante destacar que, como proteína insoluble, la caseína es difícil de digerir y puede formar coágulos grandes y más duros en el estómago del bebé. No obstante, la proteína de suero, que pertenece a la proteína soluble, únicamente forma coágulos pequeños y blandos en el estómago del bebé, por lo que es fácil de digerir y absorber. Además, la proteína de suero contiene una variedad de proteínas de actividad biológica, enzimas, péptidos, factores inmunes y factores de crecimiento, que desempeñan un papel importante en el crecimiento y desarrollo mental del ser humano. El valor nutricional y las bondades biológicas de la proteína de suero de leche son muy altos. La proporción de proteína de suero y caseína en la leche se relaciona con la nutrición y la absorción del cuerpo. En el cuerpo, la lactosa se puede convertir en glucosa que proporciona energía y participa en la composición de tejidos y órganos, y galactosa que puede sintetizar glicolípidos y tiene un papel vital en el desarrollo del sistema nervioso infantil. Además, la lactosa puede promover la proliferación de probióticos intestinales, inhibir el crecimiento de bacterias, mejorar la absorción de calcio, fósforo y otros elementos minerales y por ende aumentar la eficacia y fuerza de los huesos. Sin embargo, se ha de subrayar que la producción de leche de burra es relativamente baja. Un burro solo produce de 100 a 150 kg en un período de lactancia para su procesamiento y uso. Pero la leche de burra tiene un valor especial en las investigaciones científicas y en el desarrollo de la cría del burro (Martini, Altomonte, Salari, & Caroli, 2014).

Los componentes químicos básicos de la leche de burra, la leche vaca y la leche humana, incluyen, humedad, cenizas, proteínas, lípidos y lactosa. A continuación, en la Tabla 1 se dan los valores de cada uno de ellos según la fuente animal de leche.

Tabla 1. Contenido nutricional de leche de burra, de vaca y de humano (Li et al., 2017)

	Leche de burra	Leche de vaca	Leche humana
Humedad	92.5	87-88	87.8
Cenizas	0.42	0.7	0.25
Proteínas	2.14	3	1.2
Lípidos	1.2	3.2	3.5-4.0
Lactosa	5.9	4.6	6.3-7.0

Los componentes químicos de la leche de burra incluyen datos de proteínas, grasas, lactosa, humedad y cenizas. Como se muestra en la Tabla 1, el contenido de humedad de la leche de burra es de 92.5 por cada 100 g. El contenido de cenizas y proteínas en la leche de burra fue de 0.42 y 2.14 g / 100 g. En comparación con la leche de vaca, el contenido de proteínas y cenizas de la leche de burra se acerca más al de la leche humana. Pero el contenido promedio de grasa de la leche de burra es de 1.2 g por cada 100 g. Un contenido menor a grasa respecto a la leche de vaca y la leche materna (Malacarne, Martuzzi, Summer, & Mariani, 2002).

El dato interesante para rescatar es el contenido de lactosa en la leche de burra, este un disacárido y una fuente de energía. La leche de burra presenta 5.9 g de lactosa por cada 100 gramos de producto de leche de burra, acercándose a la leche materna. Por lo tanto, la leche de burra es más aptas para los bebés que la leche de vaca. El G1 (índice de glucosa en sangre) es un índice eficaz para la reacción posprandial de azúcar en sangre. El G1 de los alimentos con menos de 55 se llama alimentos con bajo contenido de G1. El G1 de la lactosa es de 46, es así como la lactosa es un alimento bajo en G1. Por tanto, personas diabéticas puede beber la leche de burra sin que se les eleve los índices de glucosa en la sangre (Li et al., 2017).

Beneficios de la leche de burra

Existen estudios que han demostrado que la leche de burra es eficaz para la alergia a la proteína de la leche y a productos lácteos provenientes de la vaca (Monti et al., 2007). La leche de burra se puede utilizar como suplemento de la leche materna y es la una opción factible para los bebés que carecen de leche materna, especialmente para aquellos que tienen una reacción alérgica a las proteínas al beber leche de vaca (Vincenzetti et al., 2014). Sin lugar a duda la leche de burra tiene múltiples beneficios, debidos a su naturaleza misma, por lo que se han desarrollado gran variedad de productos terapéuticos. Se han desarrollado estudios y patentes donde la leche de burra se utiliza como sustituto a la leche materna (cuando no es posible satisfacer la demanda de leche materna al bebé por su progenitora). Además, es factible aplicarse en el uso de alimentos infantiles, es decir, alimentos para fines médicos específicos, complementos dietéticos elaborados a partir de leche de burra enriquecida para bebés prematuros, bebés de bajo peso y complementos para alimentos lácteos donde los infantes presentan alergias a la proteína de la leche de vaca.

LA LECHE DE BURRA COMO ALTERNATIVA EN LA ALIMENTACIÓN LÁCTEA DE LOS NIÑOS Y LACTANTES CON INTOLERANCIA A LAS PROTEÍNAS DE VACA

Como ya se mencionó anteriormente, la pertinencia del uso de la leche de burra para bebés recién nacidos o niños con intolerancias a las proteínas de vaca, la leche de burra es una opción ampliamente factible. Existen estudios donde este producto se ha utilizado en la nutrición infantil, en años recientes se publicó una patente donde el protagonista era la leche de burra y sus lisozimas, la cuales consiste en la producción de un alimento basado en leche de burra enriquecida para bebes prematuros y bebes con alergia o intolerancia a las proteínas de la leche de vaca. Para aplicarse en el uso de alimentos infantiles, es decir, alimentos para fines médicos específicos, nutracéuticos, complementos dietéticos elaborados a partir de leche de burra enriquecida para bebés prematuros, bebés de bajo peso y complementos para alimentos lácteos donde los infantes presentan alergias a la proteína de la leche de vaca.

Esta patente se cimienta a partir de la alergia generada por la proteína de leche de vaca es sin lugar a duda, la alergia alimentaria más frecuente y conocida que se presenta sobre todo en la infancia. También, debido a que el sistema inmunológico y sistema gastrointestinal de los infantes aún no se ha desarrollado por completo y el creciente en el porcentaje de niños que no pueden ser amamantados y son alimentados por fórmulas a base de leche de vaca, determinan que aparezca la alergia a la leche en niños en porcentajes que varían entre el 2 al 7 %, además hasta el 7 % de los niños padecen la denominada intolerancia a la proteína de la leche de vaca, que es la forma más común de intolerancia alimentaria inmunológica en la infancia (Sampson, 2004) .

La leche es un alimento complementario con un 3.3% de proteínas en su composición, las cuales se encuentran en diferentes fracciones, especialmente en seroproteínas y las caseínas. Sus proteínas son, en general, resistentes a los procedimientos tecnológicos a los que se somete la leche. Además, la leche es el primer antígeno alimentario conocido con el que las personas entran en contacto y dentro de sus proteínas algunas son potencialmente alergénicas. Entre ellas destacan la beta lactoglobulina, las caseínas y la alactalbúmina. Tal contexto crea que su ingesta pueda liberar reacciones alérgicas, que en la mayoría de las ocasiones están mediadas por inmunoglobulina E (IgE).

De acuerdo con los datos publicados en la patente, y los antecedentes bibliográficos, entre los principales síntomas que se presentan en la alergia e intolerancia a la proteína de leche de vaca hay síntomas de gravedad variable, que pueden implicar daños a la piel (dermatitis atópica, urticaria, angioedema y erupciones), el tracto gastrointestinal (retraso en el crecimiento, reflujo, diarrea crónica, estreñimiento persistente, vómitos recurrentes, enterocolitis, anoproctitis) o reacciones anafilácticas potencialmente mortales (hipotensión edema de glotis, asma de opresión, síntomas cutáneos y gastrointestinales agudos). En la mayoría de los casos se encuentran lesiones histopatológicas de la mucosa intestinal muy similares a las típicas de la enfermedad celíaca e índice anatomopatológico de la afección de mala absorción. La intensidad y el número de los síntomas es variable con el tiempo y acuerdo con el paciente, es decir, varía de sujeto a sujeto.

Por otra parte, se tiene conocimiento que las proteínas de la leche se clasifican en caseínas y proteínas del suero, constituyendo respectivamente el 80 y el 20 %, de las proteínas totales de la leche de las vacas. Es significativo subrayar, que anteriormente se consideraba a la beta-lactoglobulina como la principal proteína que causaba alergias en los niños, debido a que la leche materna carece de tal proteína. Se ha demostrado que las caseínas son los alérgenos principales. Los individuos que son alérgicos a la leche de vaca son sensibles a más de una proteína. Por lo tanto, se sugiere la eliminación de la proteína de la leche de vaca de la dieta de los niños. Hoy en día, los sustitutos de la leche de vaca utilizados más frecuentemente en niños que padecen alergia o intolerancia a las proteínas de la leche de vaca son formulaciones basadas en proteínas aisladas de la soja, hidrolizados de proteínas, formulaciones basadas en arroz y leche de especies animales diferentes de bovinos (Arne Høst & Halken, 2004). Por lo tanto, el sustituto alimentario debe ser hipoalergénico, nutricionalmente adecuado y apetecible. Sin embargo, los sustitutos que se utilizan con frecuencia en la actualidad no siempre logran obtener los resultados esperados debido a efectos secundarios, como lo son, sabor desagradable, altos costos de producción, además de riesgos latentes a reacciones alérgicas hacia alimentos considerados seguros.

Las formulaciones hidrolizadas que se usan para la prevención de la alergia a las proteínas de la leche de vaca son formulaciones hidrolizadas y presentan algunas diferencias entre sí, por ejemplo, el grado de hidrólisis, tipo de hidrólisis empleadas (ya sea enzimática, térmica o ultrafiltración), procedencia de la proteína (ya se la caseína, proteína de suero, soja o proteína de arroz) y en la adición o ausencia de lactosa (Pediatrics, 2000).

Los hidrolizados mejorados caracterizados por la presencia de péptidos en su mayor parte de menos de 1500 daltons, son las únicas fórmulas realmente hipoalergénicas (es decir, toleradas hasta por un 90 % de los infantes con reacciones a las proteínas de la vaca, sin embargo, los hidrolizados mejorados son poco apetecibles.

Las formulaciones con aminoácidos libres se consideran fórmulas no alergénicas. Inclusive, las mezclas de aminoácidos que las componen no son capaces de desencadenar ningún tipo de reacción alérgica, ya sea de tipo inmediato o tardía. Estas mezclas contienen adicionalmente jarabe de glucosa o maltodextrinas, aceites vegetales de grasas, minerales y vitaminas; están desprovistas de proteínas de la leche de vaca, pero su uso se ve obstaculizado por su sabor desagradable y elevado costo.

Las fórmulas a partir de las proteínas de soja son centro de debates debido al riesgo de sensibilización a su proteína. Generalmente, las fórmulas a base de proteínas de soja no se recomiendan para el tratamiento inicial de bebés con alergias a las proteínas de vaca, en los que se ha notificado alergia a proteínas de soja con una frecuencia entre el 17 % y el 47 %. Asimismo, las fórmulas a partir de la proteína de soja no son recomendables en bebés prematuros. Sin embargo, si se tolera, representan una alternativa eficaz a la leche de vaca, ya que son válidos desde el punto de vista nutricional y pueden utilizarse e en bebés de más de 6 meses.

En cambio, las fórmulas para bebés basadas en proteínas hidrolizadas a partir del arroz están libres de lactosa, contienen jarabe de glucosa, maltodextrina, almidón de maíz, aceites vegetales, ácido linoleico y ácido linolénico, nucleótidos, selenio, lisina, treonina, taurina, colina y carnitina. Su uso es muy reciente, por lo tanto, aún no están disponibles antecedentes para un uso a largo plazo.

Una opción alterna a las fórmulas de soja y fórmulas de hidrolizados ha surgido un fuerte interés en la leche de otros mamíferos para lactantes y niños con alergias de las proteínas de vaca. Sin embargo, algunos de ellos, en particular la leche de cabra y oveja, han mostrado una reactividad cruzada con proteínas de la leche de vaca, tanto in vivo como in vitro. Algunos estudios, en sujetos sensible a las caseínas bovinas, han revelado la presencia de IgE circulante capaces de reconocer las proteínas de la leche de búfala, cabra y oveja, mientras que la sensibilidad a la proteína de la leche de burra y yegua parece ser muy inferior. Además, desde un punto de vista nutricional, la leche de cabra es deficiente en algunos factores claves tales como ácido fólico, vitaminas B6 y B12 y hierro, aunado, su alto contenido de proteínas y minerales, especialmente calcio, fósforo, sodio y potasio, implica una carga excesiva de solutos para el riñón de los bebés.

Una opción prometedora es la leche de burra, siendo más similar en composición a la leche humana que la leche de vaca, por lo tanto, se tolera en los niños con alergias a la proteína de vaca. Estudios clínicos han demostrado la factibilidad nutricional de la administración de leche de burra en bebés que padecen alergia inmunológica o intolerancia a las proteínas de la leche de vaca (Mousan & Kamat, 2016) (Sarti et al., 2019). Estas investigaciones han destacado la excelente palatabilidad de la leche de burra en comparación con productos a base de proteínas hidrolizadas. La composición de la leche de burra es similar a la leche humana en comparación a la leche de vaca y a leche de cabra. En particular, en relación con las principales características químicas de la leche de burra, el contenido de proteínas promedio ha resultado ser ligeramente mayor que el contenido de proteínas de la leche humana, pero de un nivel significativamente menor que el de la leche de vaca. Las mismas observaciones se aplican a la relación caseína/proteína que parece estar cerca de la encontrada en la leche humana. El componente de proteína de la leche de burra (aproximadamente 1.63 g/100 g) es muy similar al de la leche humana (aproximadamente 1.50 g/100 g), en particular por el bajo contenido de caseína y lactoglobulina y por la alta concentración de lisozima. Contrariamente a la leche de algunos rumiantes, la leche de burra contiene niveles de lisozima similares a la leche humana, así como una alta concentración de aminoácidos esenciales (Salimei y col., 2004).

En relación con el componente proteico del suero, la leche de burra se caracteriza por un contenido de beta lactoglobulina, que se caracteriza notablemente por tener un alto poder alergénico, equivalente al 30 % de la fracción de proteínas de suero de leche. En consecuencia, el contenido de β-lactoglobulina de la leche de burra es mucho menor que el encontrado en la leche bovina y equina (Bertino y col. 2010).

Además, es de importancia destacar que los niveles de concentración de lisozima, ya que es elevada en la leche de burra, esta enzima es responsable de la ruptura entre el enlace alfa (1- 4) que está presente N-acetil glucosamina y ácido N-acetil murámico, esta hidrólisiis da lugar a posteriores actividades bacteriolíticas. La enzima de la lisozima se encuentra también presente en la leche de vaca, pero a diferencia de la leche de burra, esta se encuentra en cantidades muy pequeñas. La presencia de lisozima es transcendental ya que desempeña una acción selectiva contra la microflora potencialmente patógena en el tracto gastro-intestinal del bebé.

La leche de burra, entre los compuestos bioactivos posee lactoferrina en una cantidad del 4.5 % de proteína de suero total, una concentración superior a la que se encuentra en la leche humana y de vaca. La lactoferrina tiene una trascendental función en la inmunidad innata del huésped, tiene una elevada actividad, antivírica, antimicrobiana e inmunomoduladora. Es de importancia destacar que la leche de burra tiene un elevado contenido de lactosa (aproximadamente 6,73 g/100 g), semejante a la de la leche humana (6,50 g/100 g), lo que la hace considerablemente apetecible. La lactosa tiene un papel significativo en el metabolismo del calcio; estimula la absorción de calcio en la mucosa intestinal e influye positivamente en la mineralización ósea. Por otra parte, un alto contenido de lactosa realza la función prebiótica de la leche de burra como un sustrato adecuado para el correcto desarrollo de la flora láctica intestinal de los infantes. Por lo que, las bacterias probióticas pertenecientes al género de lactibacillus aisladas de las composiciones de la leche de burra ya están patentadas en la Unión Europea (EP 2248908 y EP 2427566) mediante dos patentes que describen la aislación de cepas de bacterias probióticas del lactibacillus.

La diferencia primordial entre la leche de burra y la leche humana es con respecto al componente de grasas. Aunque la composición de la fracción de grasa de la leche de burra es comparable a la de la leche humana en porcentaje, el contenido total de grasas en la leche de burra es en promedio igual a 0,30 g/100 g, en comparación con la de la leche humana que es igual a 3,5g/100 g. El bajo contenido de lípidos en la leche de burra determina su valor energético menor (~44kcal/100ml) con respecto a la leche humana (~65 kcal/100ml) y la leche de otros mamíferos, y esto no permite el uso de leche de burra, según se encuentra en la naturaleza, como la única fuente de alimento, sino como una alternativa de eche que tiene que ser complementada con compuestos para enriquecerla

Otras de las similitudes de la leche de burra con respecto a la leche materna, es que la concentración de minerales en promedio en la leche de burra está cercana a las necesidades nutricionales y metabólicas del recién nacido. La leche de burra y la leche materna son equivalentes en cuanto a la baja carga renal de solutos, es decir, proteínas y sustancias inorgánicas (A. Høst et al., 1999).

La leche de burra es una opción factible cuando la alimentación de leche materna no es posible, ya que el más cercano a la leche materna, debido a sus propiedades organolépticas y el valor hipoalergénico y, en consecuencia, figura como un substituto factible en casos en los que la nutrición con leche materna no es posible o suficiente, y en casos de bebés con alergia a la proteína de la leche de vaca (D'Auria, Mandelli, Ballista, Di Dio, & Giovannini, 2011). En vista de ello, es incuestionable que leche de burra puede ser una opción viable en casos de alergia a la proteína de la leche de vaca, además, es importante destacar que se debe considerar que las necesidades de nutrición en los niños nacidos varían, además se debe considerar la edad gestacional, el peso al nacer y el contexto patológico.

Las recomendaciones más recientes de la International Society of Nutrition (ESPGHAN) proponen las características de composición específicas de estas fórmulas, tanto para el perfil proteico como el perfil lipídico. En específico, los lípidos deben obtenerse tanto de fuentes animales como vegetales y deben estar preferentemente en forma no saturada, con una relación ácido linoleico/ácido α-linolénico entre 6 y 7. Con la incorporación de ácidos de grasos poliinsaturados es posible conseguir a cantidades equivalentes a las de la leche humana. En el bebé, la guía de referencia es la leche materna, ya que en los meses iniciales de vida, es el único origen de grasa (A. Høst et al., 1999).

Los nutrientes que se añaden a las fórmulas funcionales están diseñados para imitar la composición de la leche materna y hacen la fórmula adecuada a las necesidades nutricionales del recién nacido. Entre los principales nutrientes funcionales, las grasas tienen una importante función en el crecimiento y desarrollo del recién nacido.

CONCLUSIONES

Sin lugar a duda, los burros ocupan un lugar especial no sólo en la cultura mexicana, sino en todo el mundo. Han apoyado a las actividades del hombre desde tiempos inmemoriales, esta noble raza ha sido objeto de menosprecio, siendo uno de los animales más nobles e inteligentes del género Equus. Además, las cualidades y semejanza que presenta la leche de burra son una opción factible en el caso de la nutrición infantil. Preservar y conservar a los burros depende en gran medida de crear conciencia de que todo ser vivo merece una vida digna.

REFERENCIAS

D'Auria, E., Mandelli, M., Ballista, P., Di Dio, F., & Giovannini, M. (2011). Growth Impairment and Nutritional Deficiencies in a Cow's Milk-Allergic Infant Fed by Unmodified Donkey's Milk. Case Reports in Pediatrics, 2011, 103825. doi: 10.1155/2011/103825

Fantuz, F., Ferraro, S., Todini, L., Piloni, R., Mariani, P., & Salimei, E. (2012). Donkey milk concentration of calcium, phosphorus, potassium, sodium and magnesium. International Dairy Journal, 24(2), 143-145. doi: https://doi.org/10.1016/j.idairyj.2011.10.013

Høst, A., & Halken, S. (2004). Hypoallergenic formulas - When, to whom and how long: After more than 15 years we know the right indication! Allergy, 59 Suppl 78, 45-52. doi: 10.1111/j.1398-9995.2004.00574.x

Høst, A., Koletzko, B., Dreborg, S., Muraro, A., Wahn, U., Aggett, P., . . . Vandenplas, Y. (1999). Dietary products used in infants for treatment and prevention of food allergy. Archives of Disease in Childhood, 81(1), 80. doi: 10.1136/adc.81.1.80

Kimura, B., Marshall, F., Beja-Pereira, A., & Mulligan, C. (2013). Donkey Domestication. The African Archaeological Review, 30(1), 83-95. doi: 10.2307/42641811

Kingdon, J. (1997). The Kingdon field guide to African mammals. Academic Press.

Li, L., Liu, X., & Guo, H. (2017). The nutritional ingredients and antioxidant activity of donkey milk and donkey milk powder. Food science and biotechnology, 27(2), 393-400. doi: 10.1007/s10068-017-0264-2

Malacarne, M., Martuzzi, F., Summer, A., & Mariani, P. (2002). Protein and fat composition of mare's milk: some nutritional remarks with reference to human and cow's milk. International Dairy Journal, 12(11), 869-877. doi: https://doi.org/10.1016/S0958-6946(02)00120-6

Martini, M., Altomonte, I., Salari, F., & Caroli, A. M. (2014). Short communication: Monitoring nutritional quality of Amiata donkey milk: Effects of lactation and productive season. Journal of Dairy Science, 97(11), 6819-6822. doi: 10.3168/jds.2014-8544

Medellín, R., Gomez de Silva, H., Álvarez-Romero, J., Ita, A., & Equihua, C. (2000). Vertebrados superiores exóticos en México: diversidad, distribución y efectos potenciales. Informe final SNIB-CONABIO, Proyecto U020.

Monti, G., Bertino, E., Muratore, M. C., Coscia, A., Cresi, F., Silvestro, L., . . . Conti, A. (2007). Efficacy of donkey's milk in treating highly problematic cow's milk allergic children: An in vivo and in vitro study. [https://doi.org/10.1111/j.1399-3038.2007.00521.x]. Pediatric Allergy and Immunology, 18(3), 258-264. doi: https://doi.org/10.1111/j.1399-3038.2007.00521.x

Mousan, G., & Kamat, D. (2016). Cow's Milk Protein Allergy. Clinical Pediatrics, 55(11), 1054-1063. doi: 10.1177/0009922816664512

Nayak, C. M., Ramachandra, C. T., Nidoni, U., Hiregoudar, S., Ram, J., & Naik, N. (2020). Physico-chemical composition, minerals, vitamins, amino acids, fatty acid profile and sensory evaluation of donkey milk from Indian small grey breed. Journal of Food Science and Technology, 57(8), 2967-2974. doi: 10.1007/s13197-020-04329-1

Pediatrics, A. A. o. (2000). Committee on Nutrition. Hypoallergenic infant formulas. Pediatrics, 106, 346-349.

Sampson, H. A. (2004). Update on food allergy. Journal of Allergy and Clinical Immunology, 113(5), 805-819. doi: 10.1016/j.jaci.2004.03.014

Santos Alves, J., da Silva Anjos, M., Silva Bastos, M., Sarmento Martins de Oliveira, L., Pereira Pinto Oliveira, I., Batista Pinto, L. F., . . . Miguel Ferreira de Camargo, G. (2020). Variability analyses of the maternal lineage of horses and donkeys. Gene, 145231. doi: https://doi.org/10.1016/j.gene.2020.145231

Sarti, L., Martini, M., Brajon, G., Barni, S., Salari, F., Altomonte, I., . . . Novembre, E. (2019). Donkey's Milk in the Management of Children with Cow's Milk protein allergy: nutritional and hygienic aspects. Italian Journal of Pediatrics, 45, 102. doi: 10.1186/s13052-019-0700-4

Vincenzetti, S., foghini, I., Pucciarelli, S., Polzonetti, V., Natalina, C., Beghelli, D., & Polidori, P. (2014). Hypoallergenic properties of donkey's milk: A preliminary study. Veterinaria italiana, 50, 99-107. doi: 10.12834/VetIt.219.125.5

Warmuth, V., Eriksson, A., Bower, M. A., Barker, G., Barrett, E., Hanks, B. K., . . . Manica, A. (2012). Reconstructing the origin and spread of horse domestication in the Eurasian steppe. Proceedings of the National Academy of Sciences, 109(21), 8202-8206. doi: 10.1073/pnas.1111122109

CAPÍTULO 3. CARACTERIZAZIÓN DEL GANADO WAGYU Y SU POSIBLE ESTABLECIMIENTO EN CENTRO-NORTE DE MÉXICO.

Nora Zulema López Salazar
Unidad Académica de Medicina Veterinaria y Zootecnia
Universidad Autónoma de Zacatecas

INTRODUCCIÓN

La palabra Wagyu proviene del japonés, etimológicamente significa "ganado japonés", con una sinonimia Wa-gyu (wa= japonés, gyu=ganado). Es una raza nativa de Japón, que se formó a partir de razas asiáticas autóctonas, con muy poca influencia de razas europeas. Este tipo de ganado fue llevado a Japón aproximadamente en el 400 a.C.

Antes del año 1868, en Japón no existía una demanda de proteínas de origen animal como lo es carne bovina o leche, esto por cuestiones religiosas. Los bovinos que se encontraban en el país, los cuales fueron introducidos desde Asia y Corea, eran destinados para realizar trabajos de la tierra en cultivos de arroz y transporte de carga. El ganado equino era usado bajo control gubernamental y destinado a la milicia.

Con el objetivo que tenían los granjeros con respecto al ganado nativo, donde el rendimiento del animal en el trabajo agrícola era la actividad más importante, no tanto por su tamaño o su producción láctea, no existía un objetivo de producción, sin embargo, con el producto de las cruzas que se habían realizado y con el cambio y mejoramiento de parámetros productivos, se empezó con la crianza de este ganado como producto alimenticio.

No fue sino hasta el periodo Meiji, en 1868, donde el Gobierno inició con la importación de vacunos para mejorar la población nativa. En el año de 1919, por decisión del gobierno, donde se desarrolló un programa llamado "Desarrollo del ganado japonés", donde se seleccionó y se registró el ganado con el fin de obtener un buen manejo de registros como tipo de sangre, crías (Inagaki et al. 2017). En el programa, el ganado debe tener características superiores si es que provenía de ganado nativo o de ancestros. Como dato actual, gran parte del ganado japonés, debe provenir de 2 o 3 ancestros diferentes. A través de estos procesos, se establecieron nuevas razas en 1944, las cuáles han sido reconocidas como el origen de las razas Wagyu que actualmente son producidas (Japan Society of Meat Sciende and Technology, 2010).

Japón ha declarado a la raza japonesa Wagyu como un tesoro nacional y se registró ante la UNESCO como patrimonio cultural intangible en 2013, por lo cual decidieron no venderlo al resto del mundo. Este ganado cuenta con protecciones muy limitadas en cuanto a la propagación de material genético sobre, es por eso que en muy pocas ocasiones este material ha salido del país, solo en 1976 algunos ejemplares tuvieron como destino Estados Unidos de América y desde ahí, se ha difundido en algunos países principalmente Australia (Anrique, 2004). Sin embargo, esto no impide la exportación de esta carne a diferentes mercados a través de todo el mundo y por supuesto, el disfrute gourmet de la cocina japonesa.

GANADO WAGYU

Las características notables y más importantes de este tipo de vacunos, es el veteado y marmoleo intenso. De igual manera, es imprescindible mencionar el sistema de producción que se ha generado para desarrollar la alta calidad de esta carne en la que se involucra agricultura a pequeña escala, sistema de trazabilidad, registro de terneros y un sistema de clasificación unificado a nivel nacional (en todo Japón) y por consiguiente, la producción especializada de carne (Motoyama et al. 2016).

En cuanto a la carne de vacuno denominada Wagyu, se deben de cumplir condiciones específicas para afirmar el origen, el cual el ganado debe ser de razas japonesas (negro japonés, marrón japonés, japonés moteado y japonés cuernos cortos) y este ganado debe nacer y ser criado solo en Japón, en adición debe de existir un sistema de registro de terneros y un sistema de trazabilidad de la carne desde la granja de producción hasta cuando se adquiere la carne como producto o marca comercial que certifique que es de Wagyu genuino y legítimo (Japan Livestock Industry Association, 2015).

RAZAS

Dentro de las razas, existen diferentes líneas con varias diferencias de composición, de marmoleo (grasa intramuscular o veteado de la carne) la cual es la característica principal de esta raza ya que su propensión a infiltrar grasa al interior del tejido muscular, produce una carne con textura blanda, gran sabor y jugosidad, características productivas (tasa de crecimiento) y color. Existen cuatro razas de Wagyu, las cuales son negro japonés (Japanese Black o Kuroge Washu 黒毛和種), marrón japonés (Japanese Brown o Akage Washu 褐毛和種), japonés moteado (Japanese Polled o Mukaku Washu 無角和種) y japonés cuernos cortos (Japanese Short Horn o Nihon Tankaku Shu 日本短角種).

Wagyu Negro: es apreciado en los mercados asiáticos por su intenso marmoleo y representa más del 90% de la producción por su carne de alta calidad (Inagaki et al. 2017). Su crianza es principalmente en las regiones de Kinki y Chugoku. En el periodo Meiji, esta raza se mejoró mediante la cruza con razas de otros países y se certificó como ganado originario de Japón en el año de 1944. Los linajes negros dominantes son: Tottori, Tajima, Shimane y Okayama. Sin embargo, el linaje de Tajima y Tottori, llegan a ser los más significativos ya que el ganado Tajima, criados en la región con el mismo nombre y en la prefectura de Hyogo, fueron elegidos originalmente por sus cuartos delanteros pesados, para ser empleados como medio de tracción para áreas de cultivo. Tienden a ser más pequeños y con menos desarrollo muscular que el linaje Tottori y por esto un nivel mayor de marmoleo.

Mientras que el ganado Tottori, proveniente de la región con este mismo nombre, fue seleccionado por su tamaño y fuerza de su línea dorsal, debido a que eran utilizados como animales de carga y transporte. Y en cuanto la línea Shimane, se originó en la prefectura de Okayama, esta línea posee buen promedio de sus tasas de crecimiento, calidad de la carne y de temperamento tranquilo o dócil.

Wagyu Marrón: conocido como Akaushi, esta raza de Wagyu fue desarrollada en la isla de Kyushu. De igual manera que el Wagyu Negro, esta raza se mejoró en la era Meiji y se certificó como ganado originario de Japón en 1944. Dentro de esta casta existen dos estirpes las cuales son Kochi y Kumamoto. El ganado Kochi tiene influencia de razas coreanas; mientras que Kumamoto fue influenciada por la raza Simmental, ya que tiende a ser musculosa que las demás líneas de la raza Wagyu. Es una ganado que crece rápido, es dócil por naturaleza y presentan tolerancia al calor (Japan Meat Information Service Center. 2013).

Wagyu Cuernos Cortos: criado principalmente en la región de Tohoku, es una raza producto de la cruza entre la vaca tradicional Nambu y el Shorthorn (cuerno corto). En 1957 fue reconocida como una especie de carne japonesa, esto después de muchas mejoras. En la carne de esta raza se puede encontrar menos veteado, pero se mantiene la presencia de una carne sabrosa, gracias a la riqueza en ácidos inosínico y glutámico que le otorgan un sabor potente. Su alta producción de leche y su capacidad de utilización de forraje como alimento, permiten que esta raza se adapte de manera óptima al pastoreo.

Wagyu Moteado: este ganado es el resultado de cruza con el Aberdeen Angus importado de Escocia en 1920. Presenta poco veteado, pero su sabor es muy característico de la carne japonesa. Dicha carne es rica en aminoácidos y muy agradable al masticar. Esta raza es muy característica, ya que no cuenta con ningún cuerno y actualmente se encuentra en peligro de extinción; se tiene un registro en el cual solo quedan pocos cientos de esta especie, aproximadamente 200 cabezas de ganado en la prefectura de Yamaguchi.

CARACTERÍSTICAS GENERALES DE LA RAZA

La raza Wagyu presenta características que potencializan la capacidad productiva y adaptación a los sistemas de producción. Se describen algunas características a continuación (Namikawa, 1997):

- Desarrollo de grasa intramuscular: producir marmoleo o infiltración de grasa en la carne superior a cualquier otra raza, con alta heredabilidad.
- Bajo peso al nacimiento: presentan un peso entre los 28 a 30 kilogramos, de esta manera se facilitan las pariciones.
- Fertilidad: las vaquillas presentan su primer parto a los 24 meses de edad y los toros se utilizan para el primer servicio a los 3 años de edad.
- Conversión de carne: se logra buena conversión alimenticia en pastoreo, en pastoreo suplementado y en confinamiento a base de granos, desarrollando intenso marmoleo.
- Moderada a baja producción de leche: producción de leche por día no supera los 3.3 litros por día, con una lactancia de aproximadamente 116 días.
- Docilidad: el Wagyu presenta un temperamento dócil y manso, lo que facilita la producción de grasa intramuscular.
- Adaptación: se adapta a diferentes condiciones climáticas.

-   Peso: es un animal de porte pequeño a mediano, la altura a la cruz de las hembras no supera los 120 cm y la de los machos cerca de 125 cm.

DISTRIBUCIÓN DE LA RAZA WAGYU EN EL MUNDO

Si bien, la producción y crianza del ganado Wagyu se ha criado en Japón durante más de cien años, estos animales se han desarrollado en sistemas de producción muy cerrados con la finalidad de generar carne muy veteada. Japón ha cerrado la movilidad del genoma de dicho ganado, por lo cual, la evaluación genética es importante para la reproducción de las razas Wagyu ya que existe una diversidad genética muy limitada y se debe recuperar dicha genética (Iwaisaki, 2010).

Actualmente, los productores de Wagyu se enfrentan a problemas relacionados con la producción de terneros, pero cada vez es más notable la exportación de esta carne a restaurantes en el mercado internacional (Motoyama et al. 2016).

En la tabla No.1, se muestran las razas foráneas cruzadas con ganado nativo de Japón con la finalidad de no perder características genéticas y obtener mayor variabilidad (Pino, 2008).

Tabla 1. Razas foráneas cruzadas con ganado japonés.

Nombre de la raza moderna	Prefectura	Razas foráneas utilizadas
Japanese Black	Kyoto	Brown Swiss
	Hyogo	Shorthorn, Devon, Brown Swiss
	Okayama	Shorthorn, Devon
	Hiroshima	Simmental, Brown Swiss, Shorthorn, Ayshire
	Tottori	Brown Swiss, Shorthorn
	Shigame	Devon, Ayshire, Brown Swiss

	Ehime	Shorthorn
	Ohita	Brown Swiss, Simmental
	Kagoshima	Brown Swiss, Devon, Holstein
Japanese Brown	Kochi	Simmental, Korean Cattle
	Kumamoto	Simmental, Korean Cattle, Devon
Japanese Poll	Yamaguchi	Aberdeen Angus
Japanese Shorthorn	Aomori	Shorthorn
	Iwate	Shorthorn
	Akita	Shorthorn, Devon, Ayshire

Se mencionó anteriormente que en la cultura japonesa es importante la genética de este ganado, ya que está considerado como patrimonio intangible de la humanidad, por lo que solo en 1976 algunos ejemplares tuvieron como destino Estados Unidos de américa, y en los años noventas, se difundió de manera muy reducida a otros países, como por ejemplo Australia.

La raza Wagyu se encuentra expandida alrededor de todo el mundo, en donde se estima un total de 3 millones de cabezas de ganado con al menos 50% de genética de Wagyu, de las cuales 1.8 millones son 100% puras que se encuentran en Japón (Wagyu International, 2018). Las razas que se utilizan actualmente para la cruza con Wagyu, suele ser Angus ya que obtiene parámetros productivos significativos en comparación con otro ganado, también existen cruzas con Simmental, Brangus, Brahman (PEGA, 2019).

Australia en el año de 1991, introdujo este ganado y se realizaron cruzas con Angus, Murrai Gray y Hereford. Sin embargo, este país no utiliza la crianza de dicho ganado para la exportación de carne a Japón, sino que lo destina a mejorar la calidad de carne para su mercado interno y exportar a otros países.

En Estados Unidos la cruza de Wagyu con diferente ganado aumenta la demanda interna de carne de calidad, en cuanto a países como Chile, Argentina y Uruguay, se produce carne prime o premium mediante las cruzas de Angus x Wagyu y se ha encontrado un nicho de exportación de dicha carne (Barbieri, 2007).

GRANJAS DE PRODUCCIÓN DE WAGYU

En el mercado de producción de Wagyu, más del 97% de este ganado proviene del negro japonés debido a su carne de alta calidad (MAFF, Production, Marketing and Consumption Statistics Division, 2015). En Japón existen más de 200 marcas de Wagyu, que se refieren y producen negro japonés, en donde Kobe es una marca; sin embargo, toma una Denominación de Origen, gracias a sus altos estándares de sistemas de producción de este ganado.

En el mapa (figura 1), se muestran algunos de los lugares más importantes en cuanto a la producción de negro japonés, las cuales son:

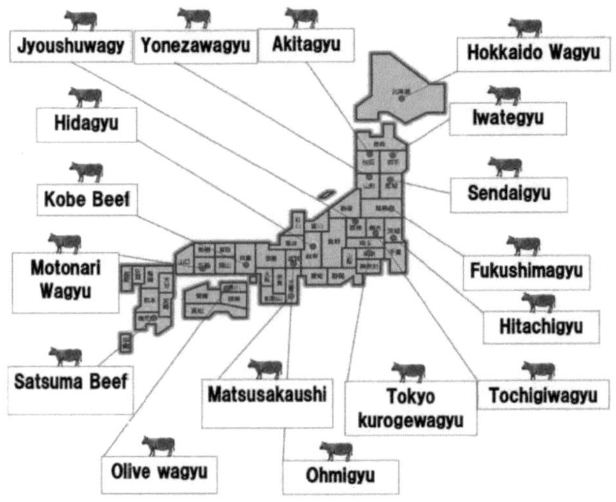

Figura 1. Mapa de marcas de producción de Wagyu.

- Matsusakaushi: ganado Wagyu negro japonés, hembra sin pariciones, pertenecer a una granja de engorda en el área de la prefectura de Mie y que ésta se encuentre registrada y ser miembro de la Asociación Matsusaka-ushi y que la res esté registrada en el sistema de trazabilidad.
- Sendaigyu: crianza del ganado en la prefectura de Miyagi, y la calificación de la carne siempre debe presentar escala A5 o B5.
- Ohmigyu: la gran tradición de producción de ganado precede a esta marca, dichas reses deben criarse en la prefectura de Shiga.
- Satsuma Beef: se desarrolla en Kagoshima, y una característica especial de este ganado es la alimentación, la cual la combinan cáscara de nuez de la India, tofu, ajonjolí.
- Olive Wagyu (Olivegyu): ganado con crianza en la prefectura de Kagawa y debe ser alimentado con una mezcla especial de alimentos hechos a base de aceitunas.
- Motonari Wagyu: la ascendencia y pedigree de este ganado, debe estar avalado directamente de la región de Hiroshima y debe haber nacido y ser criado en esta misma región. Debe presentar una calificación o clasificación por encima de B3.

CARACTERÍSTICAS DE ALIMENTACIÓN DE WAGYU NEGRO JAPONÉS

Los programas de manejo nutricional deben considerar varios factores como lo pueden ser: tasa de crecimiento, eficiencia alimenticia, salud, bienestar animal, tolerancia a enfermedades y la acumulación de la grasa intramuscular (Gotoh, et al. 2018).

Cada prefectura de Japón en la que se produce este ganado, cuenta con un sistema de engorde recomendado. El Wagyu negro japonés, se alimenta con una dieta alta en concentrados desde los once meses hasta los treinta meses de edad con la finalidad de obtener una mayor acumulación de grasa intramuscular. Otra característica de la alimentación de este ganado, es proporcionar una dieta alta en energía dos o tres veces al día desde los once meses hasta el sacrificio, que puede ser entre los veintiocho y los treinta meses de edad. Durante la etapa final desde los dieciocho meses de edad hasta el sacrificio, la dieta comprende un 86% de concentrado y un 14% de forraje (figura 2). El ganado tiene acceso constante al agua y a bloques que contienen minerales, sales y diuréticos. Si alimento al igual que el agua que se suministra al ganado, no fuera de una alta calidad, la consecuencia podría resultar en una carne demasiado grasa y pesada para el estómago.

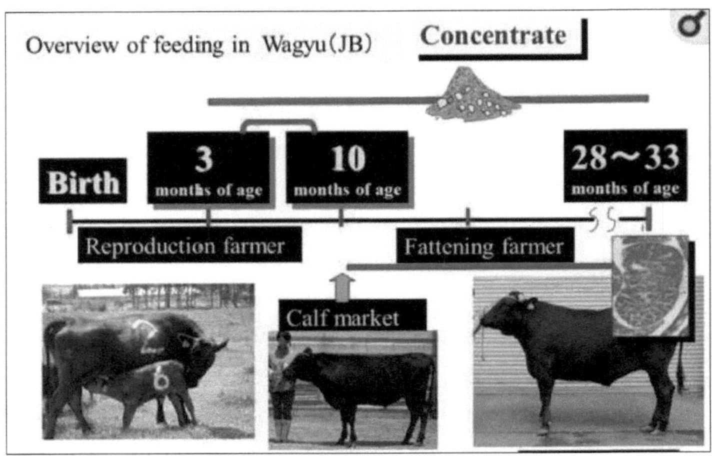

Figura 2. Descripción general del sistema de alimentación de Wagyu negro japonés (Gotoh et al. 2018).

Criadores japoneses, a través de los años han considerado manipular los niveles de vitamina A, con la finalidad de mejorar el veteado durante la engorda del ganado (Villarroya et al. 1999). En el año de 1998, Oka y colaboradores, demostraron la influencia de tal vitamina en la calidad de la carne y sugirieron regular la concentración, ya que se podría producir una puntuación más alta de marmoleado sin aumentar la grasa subcutánea en dichos animales que se encuentras predispuestos genéticamente al alto marmoleo.

FUNCIONAMIENTO DE UN MATADERO DE RAZA WAGYU

En cuanto al funcionamiento de un matadero, previamente se debe tener en cuenta la trazabilidad del ganado. Cada Wagyu originario, debe tener una etiqueta en la oreja con una identificación de diez dígitos (figura 3), donde aparece desde la fecha de nacimiento y ubicación del animal y si fue o no reubicado a otra granja, también muestra el origen de sus abuelos y la fecha de cuándo fue sacrificado.

Figura 3. Wagyu con arete de identificación

Para ser una planta cárnica de renombre, se deben cumplir requisitos y estándares de calidad, principalmente ser una planta certificada SQF (Safe Quality Foods). La planta Akune, es una de las plantas más importantes en cuanto a dicha certificación y a los procesos de producción de calidad. Esta planta se encuentra en Kagoshima, al sur de Japón. Cabe mencionar que la planta Akune, es una de las pocas empresas que se encuentra aprobada por SAGARPA (Secretaría de Agricultura, Ganadería, Desarrollo Rural, Pesca y Alimentación) con el fin de exportar carne de Wagyu a México. Esta planta también exporta a la Unión Europea. Actualmente, existen solo cuatro plantas procesadoras que exportan carne de Wagyu, los países a los que este producto es dirigido son: Europa, Taiwán, Estados Unidos, Singapur, Hong Kong, Canadá y Tailandia.

Como medidas de saneamiento, toda aquella persona que tenga contacto con una granja de Wagyu, debe mantener una higiene impecable y portar ropa de protección, overoles, zapatos de protección, cofia y lentes. Antes de entrar siempre existe un desinfectado para evitar la proliferación de bacterias y microorganismos no deseables, donde el primer paso es la desinfección de manos, a continuación se pasa por un área de succión para eliminar residuos físicos que puedan estar en el cuerpo y finalmente las personas son dirigidas a un área donde se rocía desinfectante en todo el cuerpo.

Una vez que el Wagyu es sacrificado y limpiado, la canal se transfiere a un almacén con una temperatura de 1°C (figura 4). Todas las reses conservan su número de identificación o trazabilidad para corroborar la fecha del sacrificio así como sus características. En cuanto la carne se encuentra en dichos almacenes, el personal o miembro de la JMGA (Japan Meat Grading Association) es la persona encargada de evaluar la calidad del Wagyu, en donde se estampa en la canal de la res un sello que indica la calidad.

Figura 4. Proceso de evaluación y almacenamiento de canal de Wagyu

A continuación, se procede a separar el Wagyu en partes o piezas (figura 5), se sella en bolsas al vacío las cuales son llevadas a una máquina que detecta el metal para asegurar la calidad y que no contengan algún otro material por al menos dos ocasiones, una vez empacada la pieza y en bolsa, se desinfecta con agua caliente con el fin de matar gérmenes adheridos y con ese choque térmico, la pieza de Wagyu se encuentra lista para ser empacada y enviada a su destino.

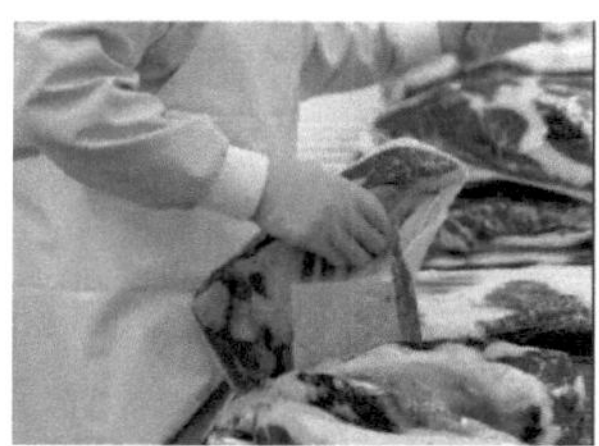

Figura 5. Piezas de Wagyu

CARACTERÍSTICAS DE LA CARNE DE WAGYU

La calidad de la carne está establecida por el marmoleo, color, luminosidad, firmeza, textura, lustrosidad y calidad de la grasa, por lo cual se puede mencionar que los tres elementos de este tipo de carne que la hacen única, son su textura, sabor y aroma.

Se dice que la carne de Wagyu está considerada como exótica, ya que tradicionalmente no es consumida o vendida de forma masiva y las características de este tipo de carne son su textura suave y un sabor fuerte característico durante la ingestión, mientras que los aromas son importantes para percibir su gran sabor. Pero para la obtención de aromas agradables y característicos requiere de condiciones óptimas como lo es el alto nivel de veteado, envejecimiento en presencia de oxígeno y temperatura de cocción óptima (Inagaki et al. 2017).

COMPOSICIÓN DE LA CARNE

La carne de Wagyu, destaca por su elevado contenido de proteínas y ácidos grasos como el ácido oleico.

Tabla 2. Composición de la carne Wagyu.

		Cantidad	% del valor diario recomendado
Calorías		240 kcal	12%
Proteínas		19 g	38%
Grasa	Total	18.3 g	27%
	Insaturada	11 g	23%
	Saturada	7 g	35%
	Colesterol	65 mg	22%
Minerales	Sodio	55 mg	2.4%

CRITERIOS DE CLASIFICACIÓN DE LA CARNE

En Japón, la carne se clasifica de acuerdo a una estricta escala que evalúa seis factores de calidad (Gotoh et al. 2018), los cuales son:

Genética

El grado de pureza racial es un factor determinante que se encuentra ligado a la calidad. La máxima calidad es 100% Wagyu y las diversas cruzas que existen de ganado Wagyu con otras razas por ejemplo Angus o Charolais, siempre debe indicarse su porcentaje racial a la hora de comercializarlas y jamás deberán venderse o presentarse como Kobe Beef (carne Kobe) o Wagyu Beef (carne de Wagyu).

> Fullblood: 100% Wagyu puro
> F3: 87.5% Wagyu – 12.5% otra raza
> F2: 75% Wagyu – 25% otra raza
> F1: 50% Wagyu – 50% otra raza

Marmoleo

El marmoleo es la cantidad de grasa entrevenada dentro de la carne, y es el principal factor a tomar en cuenta por el consumidor para determinar la calidad de la carne. Mientras mayor sea el nivel de marmoleo, de mejor calidad será la carne, puesto que ésta tendrá mejor sabor y será más jugosa. Esta característica depende de factores como la genética, alimentación y el ritmo y tiempo de engorda y la edad del animal.

Hirooka (2014), menciona que esta raza al evolucionar y adaptarse al clima y entorno único de Japón al alimentarse de forraje verde en invierno, se marchita causando una deficiencia de vitamina A, este ganado almacena dicha vitamina principalmente en los tejidos adiposos, por lo cual se considera la selección natural y artificial que este ganado cuenta con un mayor almacenamiento de vitamina A con una mayor masa de grasa intramuscular.

En el año 1988, la clasificación de la carne japonesa fue estandarizada y esta carne es cortada entre la sexta y séptima costilla. Sin embargo, Busboom y Reeves (1997), redefinieron los grados de marmoleo y actualmente se utilizan los parámetros de la JMGA (Japan Meat Grading Association o Asociación de Clasificación de Carne de Japón, 2014). En Japón, el marmoleo es un indicador principal de la calidad de la carne, ya que a mayor marmoleo los precios obtenidos llegan a ser elevados. En este país, se emplea una escala de 1 a 12 la cual se definirá con detalle más adelante, donde la escala 1 es carne magra rechazada y 12 es la carne altamente infiltrada (la llamada carne de Kobe), la cuál es la forma exclusiva de producir este ganados en algunos criaderos japoneses específicos de la provincia de Kobe.

De acuerdo a los estándares de marmoleo de la carne (BMS - Beef Marbaling Standards o Estándares de marmoleo de la carne), es una escala que va desde el 1 al 12 (figura 6), en donde BMS #1 es un corte sin marmoleo y BMS #12 es el corte más marmoleado. El ganado de origen 100% Wagyu se califica entre BMS #10 y BMS #12. El F3 se califica entre BMS #8 y BMS #10, el F2 y F1 se califican entre BMS #5 y BMS #8. Difícilmente otras razas alcanzan el BMS #5.

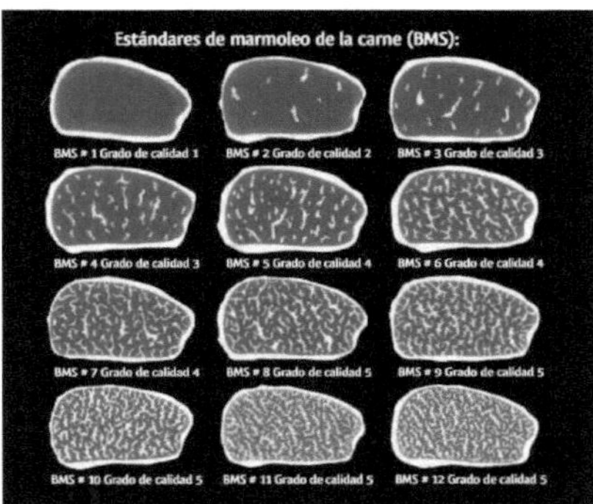

Figura 6. Estándares de marmoleo de la carne (BMS).

Color del músculo

El color que adquiere la carne depende del tipo de músculo, de la actividad que realiza el ganado y de la concentración de mioglobina que contenga (Hulot y Ouhayoun, 1999). El color es un indicador para evaluar la calidad de la carne, por lo cual algunas veces se puede predecir la edad del animal, presentando un color obscuro y carne más dura a mayor edad del animal, debido a que los músculos contienen mayor cantidad de mioglobina (Cassens, 1994).

Es una escala del número 1 al 7 de acuerdo a BCS (Beef Color Standards - Estándares del color de la carne), en donde 1 representa una carne muy rosa y el numero 7 representa una carne de color rojo muy obscuro. El color óptimo de la carne se presenta en el rango de color entre 3 a 5, lo que se puede concluir como una carne de tonalidad rojo intenso y brillante (figura 7).

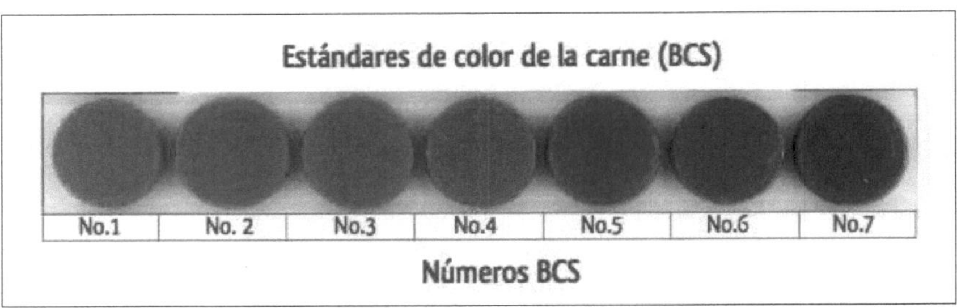

Figura 7. Estándares de color de la carne (BCS).

Color de la grasa (BFS – Beef Fat Standards o Estándares de grasa de la carne)
Esta escala consta del número 1 al 7, en donde el numero 1 es el color óptimo de la grasa, la cual debe ser blanca. El numero 7 corresponde a una grasa amarillenta (figura 8).

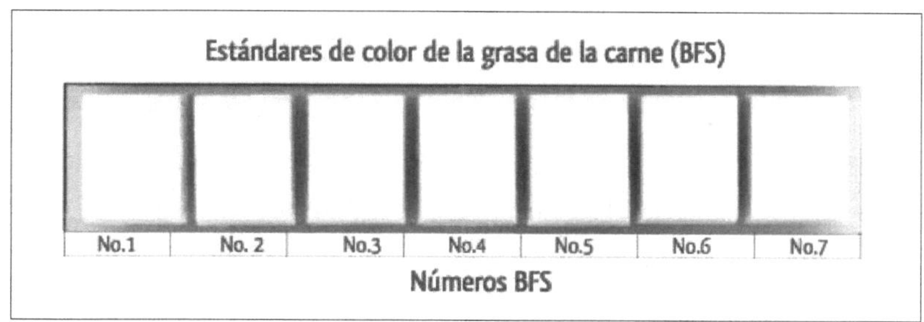

Figura 8. Estándares de color de la grasa de carne (BFS).

Veteado

Esta escala comprende del número 1 al 5, en donde 5 es el máximo nivel gracias a su veteado muy fino y marmoleo muy homogéneo (figura 6).

Firmeza y Suavidad

Es una escala del número 1 al 5, donde 5 es el nivel de carne más suave (tabla 3); esta característica no se debe confundir con la terneza ya que esta propiedad es organoléptica.

Tabla 3. Rango de suavidad de carne Wagyu

	Rango	Suavidad
5	Excelente	Muy suave
4	Bueno	Suave
3	Normal	Normal
2	Debajo de lo normal	Debajo de lo normal
1	Bajo	Duro

Estos seis factores de calidad, se evalúan en conjunto y se les asigna una calificación desde el número 1 al 5, en donde 5 es la máxima calificación que se le otorga a la carne con el mejor puntaje o mejor evaluación en los seis factores de calidad anteriores.

En cuanto al rendimiento del animal (figura 9), se le asigna una letra, ya sea A, B o C, en donde la letra A representa el mayor rendimiento de carne de acuerdo con el peso de la canal (cuerpo del animal sacrificado, sangrado, desollado, sin cabeza ni extremidades que representa el producto primario con un contenido deseable de máximo de carne, mínimo de huevo y óptimo de grasa. Robaina, 2012).

La carne A5 es la máxima calidad y máximo rendimiento, mientras que la carne caracterizada como C1, es la calidad mínima y rendimiento mínimo. Es importante reconocer que solo la carne 100% Wagyu puede alcanzar la calificación o la clasificación A5, la cual indica la máxima calidad existente.

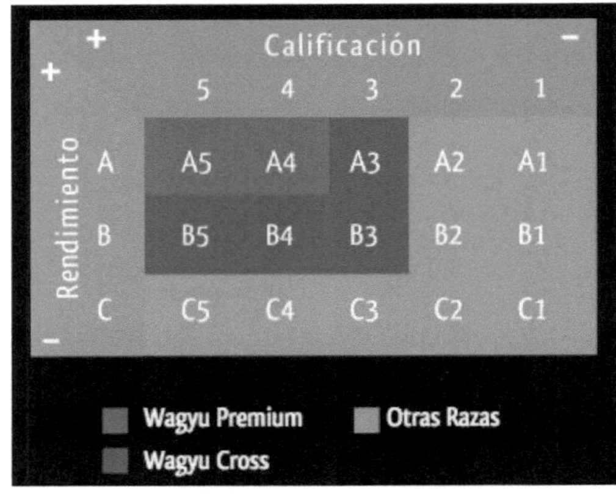

Figura 9. Rendimiento y calificación de carne.

El grado de calidad que se establece en la carne y los puntos de evaluación son registrados y obtenidos visualmente por un profesional y experto en carne, ajeno al productor y avalado por el gobierno japonés, sin embargo esto no determina si la carne es o no sabrosa. El ranking clasifica la carne, pero no representa el sabor o exquisitez, eso será decisión del comensal a la hora de probar la carne.

A continuación, se muestra una tabla (N° 4) en la cual se resumen los criterios de evaluación de la carne Wagyu, en donde el valor óptimo corresponde a las características de la carne Wagyu Kobe. Las cruzas de ganado con Wagyu, no pueden obtener el nivel de A5, pero si pueden alcanzar la calificación B3 o B4, la cual es la máxima calificación otorgada a carnes de animales de cruzas con ganado Wagyu.

Tabla 4. Criterios de evaluación carne Wagyu.

Criterio	Significado	Valores	Interpretación de los valores	Valor óptimo
Genética	Grado de pureza racial según cruces con otras razas (Angus, Charolais,...)	Porcentaje de pureza racial	100%: Wagyu puro 87.5% 75% 50%	100%: Wagyu puro
BMS o Marmoleado	Terneza y sabor de la carne	Escala 1-12	BMS 1: sin marmoleo BMS 12: más marmoleo	BMS 10-12
BCS o color del músculo	Determina el color óptimo de la carne	Escala 1-7	BCS 1: muy rosa BCS 7: rojo muy obscuro	BCS 3-5: rojo intenso y brillante
BFS o color de la grasa	Determina el color óptimo de la grasa	Escala 1-7	BFS 1: muy blanca (nieve) BFS 7: amarillenta	BFS 1: grasa muy blanca
Veteado	Grosor de la grasa y homogeneidad del marmoleo	Escala 1-5	1: peor calificación 5: mejor calificación	5: veteado muy fino y marmoleo muy homogéneo
Firmeza	No confundir con terneza (sensorial)	Escala 1-5	1: carne blanda 5: carne firme	5: mayor firmeza

CARACTERÍSTICAS DE DEGUSTACIÓN DE LA CARNE WAGYU

En cuanto a las características organolépticas para la degustación de carne Wagyu, se toman en cuenta tres factores que son:

Aroma del Wagyu

El aroma de la carne japonesa es muy específica, ya que evoca aromas dulces similares a coco y a melón de dicho país. Esto se debe a un compuesto orgánico denominado lactona, el cual existe solamente en la grasa de Wagyu. En investigaciones se ha concluido que este aroma se percibe con mayor intensidad a una temperatura de 80 grados (tabla 5).

Tabla 5. Relación de temperatura con el fin de percibir aroma de la carne Wagyu.

Temperatura (ºC)	Aroma
40º	Tenue
60º	Normal
70º	Fuerte
80º	Muy fuerte
90º	Fuerte
100º	Normal

Inagaki y colaboradores (2017), realizaron investigaciones para aclarar dicho aroma característico de la carne. Detectaron más de veinte picos de olores activos e identificaron diecisiete olores provenientes de Wagyu. Los principales componentes de dichos olores fueron aldehídos y cetonas, estos compuestos orgánicos se conocen como productos de degradación de los ácidos grasos poliinsaturados que están presentes en los lípidos del Wagyu. Se concluye que el tipo de ácido graso que constituye los lípidos en la carne de Wagyu, son importantes en la formación del aroma característico de dicha carne.

Temperatura de fusión de la grasa

En comparación a otras carnes, que presentan una temperatura de fusión de la grasa a los 31°C – 32°C, la grasa de la carne de Wagyu, comienza a derretirse a los 28°C, y eso se debe a la presencia del ácido oleico que posee (aproximadamente el 50% de los ácidos grasos). Cabe mencionar que los factores que se asocian con la calidad de los lípidos en la carne pueden estar regulados principalmente por la raza del ganado, la genética, género, nutrición y los sistemas de producción (Cruz-Monterrosa et al. 2017).

Textura

Al comer esta carne, se obtiene la sensación de que se derrite en la boca y esta característica se encuentra relacionada con el marmoleo presente en dicha carne y con la temperatura en que la grasa se degrada. Al comer Wagyu en Japón, se tiene la costumbre de no necesitar cuchillos y se puede comer con palillos, gracias a la fina textura y suavidad que presenta la carne.

Cabe mencionar que el aroma, la temperatura de fusión de la grasa y la textura son esenciales al igual que su correcto manejo para que se llegue a una correcta degustación de la carne.

DENOMINACIÓN DE ORIGEN KOBE

Criterios para la obtención de la D.O. Kobe

La carne Kobe, actualmente es conocida como una carne de lujo en todo el mundo. En Japón, esta carne es una marca registrada que debe cumplir con las reglas japonesas y se puede mencionar que es una doble marca de Wagyu negro japonés.

Tiene su origen en Kobe, una ciudad de Japón, que se encuentra en la isla de Honshu. Esta ciudad es la capital de la prefectura de Hyogo, el cual es el puerto de mayor importancia para la crianza de este tipo de carne. Cabe mencionar, que Kobe se encuentra localizada en la región de Kansai, al sudoeste de Osaka y a partir de 1868, se empezó la comercialización de esta carne con países del occidente.

El ganado Tajima (negro japonés), nacen el prefectura de Hyogo, y las vaquillas o novillos solo pueden ser criados por criadores designados en la prefectura durante un promedio de 32 meses o al menos 28 meses (Kobe Beef Marketing and Distribution Promotion Association, 2016) y libres de estrés. Los animales tienen que cumplir con rangos de peso determinados, como por ejemplo las hembras deben pesar entre 270 kg y 499.9 kg, otras características son que las hembras no deben de haber sido montadas. En cuanto a los machos, deben contar con un peso de entre 300 kg y 499.9 kg, y deben se ser castrados.

El sacrificio se debe realizar en un centro cárnico de la prefectura, la canal debe tener rendimiento de grado A o B, y obtener un nivel de marmoleo (BMS) superior a 6 y estar clasificada en B4, B5, A4 y A5 con una excelente firmeza y textura. No puede haber carne Kobe proveniente del exterior de Japón, toda aquella carne se denomina como falsa y se debe especificar que es carne Wagyu proveniente de otra región.

En cuanto a la alimentación del ganado Wagyu, los requisitos nutricionales son un factor muy importante para la exportación de carne, ya que depende de la alimentación para que el animal se desarrolle de la manera deseada. Para lograr niveles de calidad específicos para el mercado, se deben engordar los animales alrededor de los 500 kilogramos, con dietas formuladas específicas para dicha raza. Estos alimentos balanceados pueden estar compuestos por maíz, salvado de arroz, harina de gluten de maíz, caña de azúcar fermentada y cebada (cada granja realiza su mezcla de alimentos y granos), y por supuesto, el agua que consumen debe descontaminada, limpia y fresca. Es importante aclarar que el verdadero Wagyu japonés no produce Omega 3, ya que este ácido graso solo se detecta en vacunos alimentados de pasto, mientras que el Wagyu japonés es principalmente alimentado con granos.

IMPORTACIÓN DE CARNE WAGYU A MÉXICO

La exportación de ganado vacuno de Japón a México estuvo restringida por muchos años, sin embargo, en Junio de 2004 el Ministerio de Agricultura, Silvicultura y Pesca de Japón (MAFF) y SAGARPA, promovieron una consulta sobre esta prohibición y fue el 18 de febrero de 2014, cuando empieza la exportación de esta carne, pero bajo restricciones sanitarias para la entrada de carne Wagyu de Japón a México y en el acceso al país este producto debe cumplir cuarenta con el fin de descartar cualquier riesgo biológico (figura 10).

La entrada de ganado del país Nipón a México, conlleva una serie de restricciones y requisitos como lo es presentar el Certificado Sanitario Oficial expedido por Japón en donde indique nombres de los exportadores e importadores, el origen del producto carne, es decir, que el ganado nació y fue criado en granjas de dicho país y que procede de animales sanos inspeccionados ante y post mortem y procesados en plantas aprobadas por la SAGARPA, especificando nombre, número y domicilio. Un dato importante es que Japón se encuentre fuera de riesgo por la Organización Mundial de Salud Animal respecto a una enfermedad llamada Encefalopatía Espongiforme Bovina (EEB).

Figura 10. Ejemplo certificado de exportación de cuarentena.

En México existen diecisiete puntos de ingresos autorizados que comprenden Ciudad de México, estados como Chihuahua, Baja California, Tamaulipas, Sinaloa, Sonora, Coahuila, Yucatán, Quintana Roo y Veracruz.

La carne de este tipo de ganado se considera la más cara del mundo. En Japón, el kilo se llega a valorar entre 10 y 25 USD. En cuanto los 100 gramos en los mercados de Tokio, se valoran entre 30 y 40 USD. Mientras que en Estados Unidos un kilogramo de lomo o filete se valúa entre los 150 y 180 USD. En cuanto a los precios en México, y dependiendo del corte, siendo el lomo el más común, los valores de un kilogramo se encuentran entre los 190 y 425 USD.

BENEFICIOS PARA LA SALUD DE LA CARNE WAGYU

La carne de vacuno es una fuente importante y esencial de proteínas para el consumo humano, puede mantener los vasos sanguíneos flexibles para prevenir enfermedades cerebrovasculares (Pencharz, 2012). La grasa de Wagyu contiene un alto nivel de ácido oleico y linoléico, al igual que contiene aminoácidos esenciales para la formación de proteínas en el cuerpo humano (Mirae et al. 2016), esos ácidos grasos tienen el efecto de reducir el nivel de colesterol en la sangre. También promueve la proliferación de bacterias intestinales benéficas y ayuda a combatir enfermedades como el reumatismo y mejora el sistema inmunológico (Pencharz, 2012).

POSIBLE ESTABLECIMIENTO DE RAZA WAGYU EN REGIONES GANADERAS DEL CENTRO-NORTE DE MÉXICO

Ganado Wagyu en México

Actualmente, en México se encuentran aproximadamente cuatro ranchos o empresas dedicadas a la crianza de ganado Wagyu con cruzas de ganado Angus. Hay que reafirmar que las fronteras japonesas se encuentran cerradas a la salida de la genética del ganado Wagyu, por lo tanto, la mayoría del material genético que se encuentra en nuestro país proviene de Estados Unidos y Australia.

El 10 de octubre de 2006, marca una fecha importante ya que se crea la Asociación Wagyu Mexicana A.C, la cual se encarga de monitorear el ganado y los precios de los ranchos que producen dicha carne, sin embargo, en México no se puede criar Wagyu 100% puro ya que, como se ha dejado claro, Japón solo tiene las líneas puras. Por esta razón, las empresas ganaderas de México, cuentan con genética Wagyu x Angus o Wagyu Americano el cual es la cruza de Tajima (negro japonés) y Angus Aberdeen, por lo cual importan embriones, semen sexado y toros con el fin de producir ganados para la crianza y posteriormente para producción de carne de calidad.

Los ejemplares que se encuentran en México principalmente en el norte del país como el Desierto de Chihuahua, Durango y Tamaulipas, están registrados mediante pruebas de ADN y su alimentación se basa en una dieta de granos y pasturas orgánicas, con un crecimiento sin estrés, libres de hormonas de crecimiento y antibióticos.

Cabe mencionar, que esta carne es más cara en comparación a otras carnes producidas en México, ya que el proceso de producción y los alimentos son de mejor calidad y por lo tanto, el producto final es de mayor calidad, por lo cual la carne se destina a un nicho de consumo premium para conocedores de este tipo de carne.

Si bien, los costos de inversión y producción para este tipo de carne son muy elevados, por lo cual el establecimiento de este ganado en el centro y norte de México se debe seguir investigando para encontrar el tenor idóneo para la producción de este ganado. No se descarta el hecho de que en el futuro, se encuentre este ganado libre de pastoreo en regiones como Coahuila y Zacatecas, ya que el clima de estos estados ubicados en el centro-norte del país se aproximan a las regiones productoras actuales en México, y el consumo de esta carne como cortes prime se encuentra en el mercado y son consumidos pero con una demanda reducida a comparación de cortes que son accesibles, sin embargo, los precios de infraestructura, material genético, costos de agua y alimento son elevados para el inicio de estos sistemas de producción.

CONCLUSIONES

El ganado Wagyu, originario de razas nativas japonesas ha mejorado y al pasar los años, esta carne se vuelve más conocida internacionalmente, no cabe duda que su calidad es excepcional gracias al alto contenido de grasa intramuscular y su aroma característico, también se valora por su alta trazabilidad y estándares de exportación y por lo cual gracias a la cultura japonesa que ha dado a conocer dicha carne y su amplia gastronomía, en expectativas futuras su consumo seguirá en aumento.

En cuanto al valor agregado de la carne de Wagyu, al ser un producto relativamente nuevo en cuanto al consumo a nivel mundial, se debe tomar en cuenta los nichos de mercado a los cuales se desea o se quiere destinar para el consumo, los cuales ya están referenciados mediante el gobierno japonés, sin embargo, los nichos de mercado nuevos en cuanto a las cruzas de Wagyu con otras razas se deben empezar a expandir para aumentar el consumo de este tipo de cortes de carne ya que, el efecto positivo en la salud humada es un indicador de la calidad de dicho producto.

Es necesario crear una estrategia de valor para tal producto, así como un sistema de producción que no presente costos tan elevados pero que se mantenga la calidad de la carne para su producción fuera de Japón y sobre todo, que se encuentren indicadores de rentabilidad positivos.

REFERENCIAS

Anrique, R. (2004). Razas y cruzamientos en ganado de carne. In: Rojas, C. Manual de Producción de Bovinos de Carne para la VIII, IX y X Regiones. Instituto de Investigaciones Agropecuarias (INIA), CRI Carillanca. Temuco, Chile: 177-201

Asociación Argentina de Criadores de Wagyu. 2008. www.wagyuargentina.com.ar Soler 4280- CP: (C1425BWV), Ciudad Autónoma de Buenos Aires, Argentina. wagyu@wagyuargentina.com.ar

Barbieri, B. (2007). Mejoramiento Ganadero. MV Rev de Cien. Vet. Vol. 23 n°3. Lima, Perú.

Busboom, J., Reeves J. (1997). Japanese meat grading. In: 3° Wagyu Simposium. Washington State University, U.S.A. 14-16 march 1997: 29-32.

Cassens, R. G. (1994). Meat Preservation. Preventing losses and assuring safety. Food y Nutrition Press, Inc. U.S.A. pp. 11-31.

Cruz-Monterrosa, R. G., Ramírez-Mella, M., Lira-Casas, R., & Ramírez-Bribiesca, E. (2017). Perfil de los ácidos grados y sus modificaciones en la calidad de la carne de los bovinos. AGROProductividad, 10(10).

Gotoh, T., Nishimura, T., Kuchida, K., & Mannen, H. (2018). The Japanese Wagyu beef industry: current situation and future prospects - A review. Asian-Australasian journal of animal sciences, 31(7), 933–950. https://doi.org/10.5713/ajas.18.0333

Hirooka, H. (2014). Marbled Japanese Black cattle. Journal of Animal Breeding and Genetics, 131(1), 1-2.

Hulot, F., J. Ouhayoun. (1999). Muscular pH and related traits in rabbits: A review. World Rabbit Science. 7:15-36.

Inagaki, S., Amano, Y., & Kumazawa, K. (2017). Identification and Characterization of Volatile Components Causing the Characteristic Flavor of Wagyu Beef (Japanese Black Cattle). Journal of Agricultural and Food Chemistry, 65(39).

Iwaisaki, H. (2010). Wagyu cattle breeding in Japan: progress and future prospects. In International Seminar on the Utilization of Native Animals for Building Rural Enterprises in Warm Climate Zone,, Muñoz, Nueva Ecija (Philippines), 19-23 Jul

Japan Livestock Industry Association. (2015). Introduction to the Universal Wagyu Mark. http://jlia.lin.gr.jp/wagyu/eng/aboutmark1.html

Japan Meat Information Service Center (2013). Wa-Gyu, the essence of Japanese beef. http://www3.jmi.or.jp/en/index.html

Japan Society of Meat Science and Technology. (2010) Meat terminological dictionary. Tokyo: Matsushita Insatsu.

Japan Meat Grading Association (JMGA). (2014). Beef carcass trading standards. Tokyo, Japan: JMGA.

Kobe Beef Marketing and Distribution Promotion Association (2016). Kobe beef. http://www.kobe-niku.jp/top.html

MAFF, Production, Marketing and Consumption Statistics Division (2015). Livestock Survey. http://www.maff.go.jp/j/tokei/kouhyou/tikusan/index.html

Mirae O, Kim EK, Jeon BT, Yujiao T. (2016). Chemical compositions, free amino acid contents and antioxidant activities of Hanwoo (Bos taurus coreanae) beef by cut. Meat Sci. 119:16–21.

Motoyama, M., Sasaki, K., & Watanabe, A. (2016). Wagyu and the factors contributing to its beef quality: A Japanese industry overview. Meat Science, 120, 10–18. doi:10.1016/j.meatsci.2016.04.026

Namikawa, K. (1997). Breeding history of Japanese beef cattle and preservation of genetic resources as economic farm animals. In: 3° Wagyu Simposium. Washington State University, U.S.A. 14-16 marzo 1997: 1-27

Oka A, Maruo Y, Miki T, Yamasaki T, Saito T. (1998) Influence of Vitamin a on the quality of beef from the Tajima strain of Japanese Black cattle. Meat Sci. 48:159–67.

PEGA, Plan Estratégico de la Ganadería Colombiana. (2019). www.fedegan.org.co

Pencharz BP. (2012). In: Protein and animo acids. In'Present knowledge in nutrition'. 10th ed. Erdman JW Jr, Macdonald IA, Zeisel SH, editors. Singapore: International Life Sciences Institute; John Wiley & Sons; pp. 69–82.

Pino, F. (2008). Evaluación productiva de la raza Wagyu en cruzamiento con diferentes razas bovinas presentes en Chile.

Robaina, R. (2012). Algunas definiciones prácticas. INAC, Dirección de Control y Desarrollo de Calidad.

http://www.inac.gub.uy/innovaportal/file/6351/1/algunas_definiciones_practicas.

Pdf Villarroya F, Giralt M, Iglesias R. (1999)Retinoids and adipose tissues: metabolism, cell differentiation and gene expression. Int J Obes. 23:1–6.

Wagyu International (2018): Wagyu around the world.

CAPÍTULO 4. EL NOPAL: UNA FUENTE DE ALIMENTO Y DESARROLLO

Eduardo Valdez Romero
Unidad Académica de Medicina Veterinaria y Zootecnia
Universidad Autónoma de Zacatecas

INTRODUCCIÓN

Hablar de la alimentación mundial siempre ha sido en tema de gran polémica, debido a que cada vez es más difícil alimentar a la cada vez creciente población mundial. La alimentación hoy en día, ha dejado de ser un simple sistema para satisfacer nuestras necesidades de sobrevivencia y se convierte en un instrumento que garantiza nuestro bienestar y salud. Las tendencias mundiales de alimentación indican que hay un interés por el consumidor hacia los alimentos que aporten beneficios extras, adicionales a su valor nutritivo. La evolución de los hábitos nutricionales en la sociedad, ha sido muy variable a través del tiempo, pero siempre soportada con el criterio básico de mantener la salud. Cada día, los consumidores se dirigen más a la búsqueda de nuevos productos con propiedades funcionales que puedan mejorar su estado tanto físico como mental. Es por ello importante, identificar los alimentos que por muchos años se han utilizado en las sociedades indígenas, para reconocer su valor nutricional o funcional; un estudio más cercano de estos alimentos, permitirá incluso, identificar potenciales Aplicaciones no sólo en la industria de los alimentos, sino en farmacia, en la industria química, en producción animal, entre otras (Torres-Ponce et al., 2015).

México se distingue a nivel mundial por la producción de nopal, según el Servicio de Información Agroalimentaria y Pesquera (SIAP, 2017) esta hortaliza se ubica entre las 15 más importantes del país, ocupa el 2.59% de la superficie agrícola nacional y representa un valor de 53,479 millones de pesos. Sin embargo países como China y Brasil son competidores directos, Brasil ha ganado terreno en el cultivo de nopal forrajero con más de 600 mil hectáreas, mientras que China no solo produce en fresco el producto, sino que ha incursionado en la industria de cosméticos y farmacéutica elaborando productos derivados del nopal (Sandoval-Trujillo et al., 2019).

El nopal ocupa un lugar preponderante en la cultura mexicana, tanto por su presencia en la vegetación, la cantidad de usos que se la da y por ser ícono de la identidad, al formar parte del escudo nacional, es sobre un nopal dónde posa el águila y en ese lugar se asentó Tenochtitlán, que significa lugar del nopal o tunas sobre la piedra (CONABIO, 2014).

Desde tiempos prehispánicos el nopal ha sido un producto utilizado para diversos fines, principalmente como alimento por ser rico, nutritivo, económico y saludable, como planta medicinal, base para productos cosméticos, pintura para murales o paredes, forraje y abono para la conservación del suelo al frenar la erosión. Existen varios tipos de nopales, los más comunes que se cultivan en México son: el nopal verdura, nopal forrajero y nopal tunero (Sandoval-Ramírez et al., 2017).

El nopal es un recurso que tiene un alto potencial agrotecnológico, tanto como cultivo alimenticio, como elemento base para productos derivados, que se utilizan en la industria alimenticia (humana y animal), la farmacología, la medicina, y la industria agropecuaria, por mencionar algunos (Aguilar et al., 2008). Una de las cualidades que mejor distingue a los nopales es que han desarrollado características que les permiten adaptarse a zonas con poca disponibilidad de agua y temperaturas extremas. Entre otras, la suculencia es su principal característica morfológica, acumula grandes cantidades de agua en períodos cortos de tiempo y la cutícula gruesa que poseen las hace más eficientes para evitar la evapotranspiración. Debido a su metabolismo ácido crasuláceo (MAC), efectúa un proceso fotosintético, tal que sus estomas están cerrados durante el día y abiertos durante la noche, evitando la pérdida de agua por transpiración.

CARACTERÍSTICAS FÍSICAS Y MORFOLÓGICAS

Los nopales han sido descritos por numerosos autores (Bravo, 1978; Pimienta, 1990; Sudzuki et al., 1993; Sudzuki, 1999; Scheinvar, 1999; Barbera et al., 1999; Nobel y Bobich, 2002); por lo tanto, aquí se hace solo una breve descripción debido al interés que presentan las diferentes partes de la planta para su industrialización. Los nopales son plantas arbustivas, rastreras o erectas que pueden alcanzar 3,5 a 5 m de altura. El sistema radical es muy extenso, densamente ramificado, rico en raíces finas absorbentes y superficiales en zonas áridas de escasa pluviometría. La longitud de las raíces está en relación con las condiciones hídricas y con el manejo cultural, especialmente el riego y la fertilización (Sudzuki et al., 1993; Sudzuki, 1999; Villegas y de Gante, 1997).

Los tallos suculentos y articulados o cladodios, comúnmente llamados pencas, presentan forma de raqueta ovoide o alongada alcanzando hasta 60-70 cm de longitud, dependiendo del agua y de los nutrientes disponibles (Sudzuki et al., 1993). Cuando miden 10-12 cm son tiernos y se pueden consumir como verdura.

El aumento del área del cladodio dura alrededor de 90 días. Sobre ambas caras del cladodio se presentan las yemas, llamadas aréolas, que tienen la capacidad de desarrollar nuevos cladodios, flores y raíces aéreas según las condiciones ambientales (Sudzuki et al., 1993).

Las aréolas presentan en su cavidad espinas, que generalmente son de dos tipos: algunas pequeñas, agrupadas en gran número (gloquidios) -en México comúnmente se llaman aguates- y las grandes que son, según algunos botánicos, hojas modificadas (Granados y Castañeda, 1996). Cuando el hombre entra en contacto con la planta las espinas se pueden desprender y penetrar en la piel, constituyendo un serio inconveniente tanto para la cosecha de los frutos como para el procesamiento y consumo de los mismos.

Los tallos se lignifican con el tiempo y pueden llegar a transformarse en verdaderos tallos leñosos, agrietados, de color ocre blancuzco a grisáceo. Las flores son sésiles, hermafroditas y solitarias, se desarrollan normalmente en el borde superior de las pencas. Su color es variable: hay rojas, amarillas, blancas, entre otros colores. En la mayor parte del mundo la planta florece una vez al año (Sudzuki et al., 1993).

El fruto es una falsa baya con ovario ínfero simple y carnoso. La forma y tamaño de los frutos es variable. Chessa y Nieddu (1997) y Ochoa (2003) describen en detalle los tipos de frutos; los hay ovoides, redondos, elípticos y oblongos, con los extremos aplanados, cóncavos o convexos. Los colores son diversos: hay frutos rojos, anaranjados, púrpuras, amarillos y verdes, con pulpas también de los mismos colores. La epidermis de los frutos es similar a la del cladodio, incluso con aréolas y abundantes gloquidios y espinas, que a diferencia del cladodio, persisten aún después de la sobre madurez del fruto. La cáscara de los frutos difiere mucho en grosor, siendo también variable la cantidad de pulpa. Esta última presenta numerosas semillas, que se consumen junto con la pulpa. Hay frutos que presentan semillas abortadas, lo que aumenta la proporción de pulpa comestible. Debido a que existen preferencias en algunos mercados por frutos con pocas semillas o sin semillas, el mejoramiento genético está orientado hacia la búsqueda y multiplicación de variedades que presenten esta característica (Mondragón-Jacobo, 2004).

CARACTERÍSTICAS QUÍMICAS

Desde el punto de vista de la industrialización es primordial tener un conocimiento cabal de la composición química de las diferentes partes de la planta. Este conocimiento es indispensable para tener éxito tanto en la elección de las tecnologías de procesamiento más adecuadas que se pueden aplicar como en las condiciones de aplicación de las mismas, a fin de obtener productos inocuos, nutritivos y de alta calidad. Por lo tanto, las partes de la planta cuyas características interesa conocer mejor por sus amplias posibilidades de utilización son los frutos y los cladodios. Las flores se consideran también, al igual que los cladodios o nopalitos, una verdura y se pueden consumir como tales (Villegas y de Gante, 1997).

La evolución de la composición de algunos parámetros hasta la madurez (pH, sólidos solubles, fibra) deberá ser tenida en cuenta dependiendo del proceso a que se someterá la fruta o los cladodios, y más directamente al producto a que se quiera destinar.

A continuación de exponen la composición química de las diferentes partes de la planta:

- **Frutos**

La composición de los frutos varía con la madurez. Es necesario tener en cuenta que son frutos «no climatéricos» (no maduran una vez cosechados), por lo que es importante cosecharlos en el punto de madurez óptima de consumo, donde está mejor expresado su potencial. Esta madurez óptima de consumo está reflejada en los valores de algunos parámetros específicos. Se han propuesto diferentes parámetros para definir la mejor época de cosecha de la fruta: tamaño y llenado del fruto; cambios en el color de la cáscara; firmeza del fruto; profundidad de la cavidad floral o receptáculo; contenido de sólidos solubles totales (SST) y caída de los gloquidios. Debido a que no se ha definido un índice de cosecha único, varios autores recomiendan que este se determine para cada tipo de fruto en cada área de cultivo (Inglese, 1999) y (Cantwell, 1999).

En tabla 1, se indican los cambios más notorios sufridos por Opuntia amyclaea durante su madurez (Montiel-Rodríguez, 1986).

Los contenidos de azúcar (SST) y vitamina C aumentan considerablemente durante el proceso de maduración, mientras que la firmeza y la acidez se reducen. Los cambios descritos para Opuntia amyclaea, son similares a los observados para frutos de otras especies de Opuntia (Barbera et al., 1992; Kuti, 1992).

Estado de maduración	Peso (g)	Diámetro min-máx (cm)	Profundidad receptáculo floral (mm)	Pulpa (%)	Firmeza (kg/cm²)	SST (%)	Acidez (%)	pH	Vitamina C (mg/100 g)
Inmaduro	86	42-44	7,2	44	4,6	7,5	0,08	5,2	12
Verde sazón	102	47-49	3,5	57	3,7	8,8	0,04	6,1	18
Intermedio	105	49-53	1,9	63	2,7	10,1	0,03	6,2	18
Maduro	112	50-54	1,4	65	2,4	11,5	0,02	6,3	26
Sobremaduro	108	49-53	1,0	75	2,2	12,5	0,02	6,4	28
Fuente: Montiel-Rodríguez, 1986 citado por Cantwell (1999).									

Tabla 1. Cambios físicos y de la composición de los frutos de *Opuntia amyclaea* durante su maduración.

Fuente: Montiel-Rodríguez (1986) citado por Cantwell (1999)

Sin embargo, no todos los nopales presentan el mismo comportamiento durante la maduración. Silos-Espino et al. (2003) estudiaron estos cambios en tres especies comúnmente consumidas en México: Opuntia ficus-indica, O. sp. y O. streptacantha, de madurez temprana, media y tardía, respectivamente. El momento de la cosecha (madurez de consumo) es determinado en el campo por los mismos agricultores en base al color y las características de la textura de la fruta.

Respecto a la composición química de las partes comestibles de los frutos, tradicionalmente los datos han ido formando parte de las tablas de composición química de alimentos que recogen valores a veces puntuales de una zona o país; sin embargo, las especies vegetales varían su composición de acuerdo a muchos factores, entre ellos la zona de cultivo. En lo que respecta a los frutos, la composición química se ve influida por la madurez, por lo que es interesante conocer las características propias de especies adaptadas a zonas ecológicas específicas antes de abordar las posibles alternativas de industrialización.

El agua es el componente principal de la fruta y por ello uno de sus mayores atractivos para las zonas áridas y semiáridas; el agua se encuentra protegida por la gruesa cáscara, rica en mucílagos que la retienen fuertemente y contribuyen a la baja deshidratación de la fruta.

Varios autores han realizado estudios acerca de la composición química de la tuna (Sawaya et al., 1983; Sepúlveda y Sáenz, 1990; Ewaidah y Hassan, 1992; Cacioppo, 1992; Sáenz et al., 1995a; Muñoz de Chávez et al., 1995; Rodríguez et al., 1996; Parish y Felker, 1997; Sáenz y Sepúlveda, 2001a). En la tabla 2 se presenta la composición química de la parte comestible de los frutos provenientes de plantas cultivadas en varias regiones del mundo como Arabia Saudita, Argentina, Chile, Egipto y México.

Parámetros	(1)	(2)	(3)	(4)	(5)	(6)
Humedad	85,1	91,0	85-90	85,6	83,8	84,2
Proteína	0,8	0,6	1,4-1,6	0,21	0,82	0,99
Grasa	0,7	0,1	0,5	0,12	0,09	0,24
Fibra	0,1	0,2	2,4	0,02	0,23	3,16
Ceniza	0,4	---	---	0,44	0,44	0,51
Azúcar total	---	8,1	10-17	12,8	14,06	10,27
Vitamina C (mg/100 g)	25,0	22,0	4,6-41	22,00	20,33	22,56
β-caroteno (mg/100 g)	---	---	Trazas	Trazas	0,53	---

Fuentes: (1) Askar y El-Samahy (1981); (2) Muñoz de Chávez *et al.* (1995); (3) Pimienta (1990); (4) Sawaya *et al.* (1983); (5) Sepúlveda y Sáenz (1990); (6) Rodríguez *et al.* (1996).

Tabla 2. Composición química de la pulpa de tuna (porcentaje).

Fuente: Muñoz de Chávez et al. (1995)

En la tabla 3 se presenta la composición mineral de la parte comestible de las tunas cultivadas en diferentes países. Las variaciones observadas pueden atribuirse a la distinta procedencia de las plantas o a factores agronómicos del cultivo como la fertilización o el riego, al clima o a diferencias genéticas de las variedades (Muñoz de Chávez et al., 1995).

Mineral	(1)	(2)	(3)	(4)	(5)
Ca	24,4	49,0	27,6	12,8	-
Mg	98,4	85,0	27,7	16,1	-
Fe	-	2,6	1,5	0,4	-
Na	1,1	5,0	0,8	0,6	1,64
K	90,0	220	161	217,0	78,72
P	28,2[a]	-	15,4	32,8	-

Tabla 3. Composición mineral de la pulpa de tuna (mg/100g).

Fuente: Rodríguez et al. (1996)

También se han observado pequeñas variaciones en la composición química de los frutos de nopales de distintos colores. En estudios efectuados por Sáenz y Sepúlveda (2001a), Sáenz et al. (1995a) y Sepúlveda y Sáenz (1990), se llegó a los resultados que se presentan en las tablas 4 y 5; para los macroelementos y los componentes minerales de tunas de colores (Opuntia spp.), se consideró fruta de color verde, púrpura y anaranjada, con pulpa de los mismos colores.

Parámetros	Tuna verde	Tuna púrpura	Tuna anaranjada
Humedad	83,8	85,98	85,1
Proteína	0,82	0,38	0,82
Grasa	0,09	0,02	-
Fibra	0,23	0,05	-
Cenizas	0,44	0,32	0,26
Azúcares totales	14,06	13,25	14,8
Vitamina C (mg/100 g)	20,33	20,0	24,1
β-caroteno (mg/100 g)	0,53	-	2,28
Betanina (mg/100 g)	-	100	-

Tabla 4. Composición química de pulpa de tuna (porcentaje de la parte comestible).

Fuente: Sáenz y Sepúlveda (2001)

La variación que se observa en el contenido de algunos de los minerales presentes en los frutos (tabla 5) puede atribuirse a su diversa procedencia.

Mineral	Tuna verde	Tuna púrpura	Tuna anaranjada
Ca	12,8	13,2	35,8
Mg	16,1	11,5	11,8
Fe	0,4	0,1	0,2
Na	0,6	0,5	0,9
K	217,0	19,6	117,7
P	32,8	4,9	8,5

Tabla 5. Composición mineral de pulpas de tuna (porcentaje de la parte comestible)

Fuente: Sáenz y Sepúlveda (2001)

- **Cladodios**

Los cladodios, por su parte tienen interés desde el punto de vista industrial ya que cuando los brotes son tiernos (10-15 cm) se usan para la producción de nopalitos, y cuando están parcialmente lignificados (cladodios de 2-3 años), para la producción de harinas y otros productos. En la tabla 6 se observan las variaciones en la composición de los cladodios de distintas edades.

Edad (años)	Descripción	Proteína	Grasa	Cenizas	Fibra cruda	Extracto no nitrogenado
0,5	Renuevos o nopalitos	9,4	1,00	21,0	8,0	60,6
1	Penca	5,4	1,29	18,2	12,0	63,1
2	Penca	4,2	1,40	13,2	14,5	66,7
3	Penca	3,7	1,33	14,2	17,0	63,7
4	Tallos suberificados	2,5	1,67	14,4	17,5	63,9

Tabla 6. Composición química de cladodios de distintas edades (porcentaje de materia seca)

Fuente: López et al. (1977) citado por Pimienta (1990)

En un estudio efectuado en 20 variedades de nopal y analizando tallos (suberificados), cladodios maduros (penca anual) y cladodios jóvenes (brotes), concluyen al igual que Pimienta (1990), que el contenido de proteínas es mayor en los brotes o renuevos; la fibra cruda aumenta con la edad del cladodio, llegando a 16.1 por ciento en los tallos

89

suberificados, pero siendo cercana a 8.0 por ciento, en promedio (Flores et al., 1995). El contenido de cenizas no sigue la misma tendencia, ya que en este último trabajo, los renuevos presentan un contenido menor de cenizas que los tallos y pencas; dicha variación se debería a la serie de compuestos y elementos que conforman la ceniza y a la estrecha relación de estos con la química de suelos y a los complejos fenómenos de la disponibilidad de sus elementos para la planta (Bravo, 1978).

La composición química de los nopalitos frescos es principalmente agua (91 por ciento) y 1.5 por ciento de proteínas; 0.2 por ciento de lípidos; 4.5 por ciento de hidratos de carbono totales; 1.3 por ciento de cenizas, de la cual 90 por ciento es calcio; además, contiene 11 mg/100 g de vitamina C y 30 µg/100 g de carotenoides; el contenido de fibra (1.1 por ciento) la hace comparable a la espinaca (Rodríguez-Félix y Cantwell, 1998).

- **Flores**

De acuerdo a lo señalado anteriormente, las flores se consideran también, al igual que los cladodios o nopalitos, una verdura y se pueden consumir como tales (Villegas y de Gante, 1997). Estudios efectuados indican que algunos de los componentes presentes son beneficiosos para combatir la  hiperplasia prostática benigna, habiendo observado el efecto positivo de un extracto de flores secas (Jonás et al., 1998).

PRODUCCIÓN

De un total aproximado de 104 especies de Opuntia y 10 de Nopalea clasificadas en México, se utilizan 24 especies para consumos diversos, 15 de ellas como nopal para forraje, 6 para tuna, y 3 para nopal verdura.

La producción de este cultivo se realiza en 27 estados de la República Mexicana, destacando Morelos y la Ciudad de México por el nopal verdura, Coahuila con el nopal forrajero y el Estado de México y Zacatecas por el nopal tunero. Particularmente, el Estado de México ocupa el primer lugar a nivel nacional en la producción de tuna y el tercer lugar en nopal verdura, cuenta con una superficie territorial de 22,351 kilómetros cuadrados, es la entidad federativa que registra el mayor Producto Interno Bruto del país, durante el 2015 reporto 1'436,486.88 millones de pesos, lo cual representa el 8.67% de la actividad económica nacional (Janet, s. f.). El estado de Morelos participa con el 34.7 por ciento de la producción nacional; siendo el estado con mayor aportación; de acuerdo como se muestra en mapa 1.

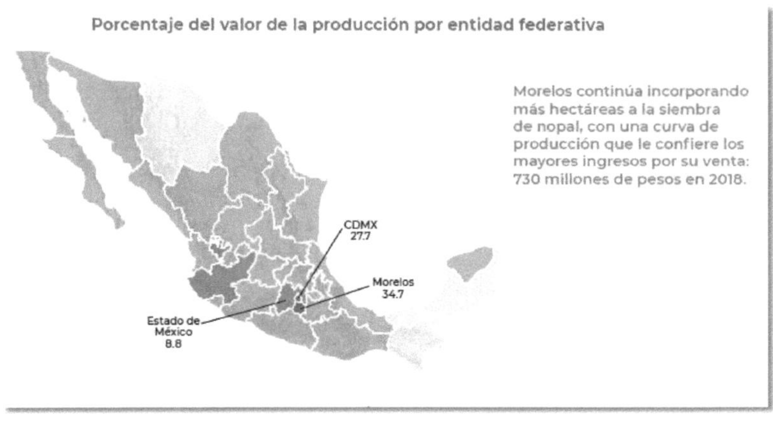

Mapa 1. Porcentaje del valor de la producción por entidad federativa 2018.

Fuente: Servicio de Información Agroalimentaria y Pesquera (SIAP, 2018). *Servicio de Información Agroalimentaria y Pesquera.* México: Gobierno de México.

		Indicadores 2018				
	Superficie			Volumen	Valor	Rendimiento	Precio Medio Rural
	Sembrada	Siniestrada	Cosechada	Miles de toneladas	Millones de pesos	Toneladas / hectárea	Pesos / tonelada
	Miles de hectáreas						
	13	NA	12	853	2,100	68.7	2,460
Variaciones % — Anual 2017-2018	1.0	NA	2.9	2.9	20.6	-0.04	17.2
Variaciones % — TMAC 2009-2018	0.8	NA	0.6	1.5	4.3	0.9	2.8

■ Aumenta ■ Disminuye ■ No aplica

Tabla 7. Variación en porcentaje de la cosecha de nopal verdura 2018.

Fuente: Servicio de Información Agroalimentaria y Pesquera (SIAP, 2018). *Servicio de Información Agroalimentaria y Pesquera.* México: Gobierno de México.

NOPAL VERDURA

Esta variedad de nopal es el utilizado para el consumo humano. Algunas características de calidad buscadas por los consumidores y establecidas en la norma oficial mexicana NMX-FF-068-SCFI-2006 (Secretaria de Economía, 2015), son: el tamaño, a frescura, libres de pudrición, enteros, bien formados, con coloración, sabor y olor característico de la especie (Maki-Díaz et. al., 2015). La producción nacional reportada para el año 2019, se muestra en la tabla 8.

	Cultivo	Variedad	UDM	Tipo de tecnología	Tipo de producción	Tipo de mercado	Superficie (ha)			Producción	Rendimiento (udm/ha)	PMR ($/udm)	Valor Producción (miles de Pesos)
							Sembrada	Cosechada	Siniestrada				
1	Nopalitos	Nopalitos s/clasificar	Tonelada	Cielo abierto	Convencional	Nacional	12,770.99	12,494.34	16	889,350.47	71.18	2,714.99	2,414,578.51
2	Nopalitos	Nopalitos	Tonelada	Cielo abierto	Orgánico	Nacional	8.2	8.2	0	516.68	63.01	4,277.30	2,209.99
3	Nopalitos	Nopalitos	Tonelada	Invernadero	Convencional	Nacional	3.6	3.6	0	288.62	80.17	5,365.16	1,548.49
4	Nopalitos	Nopalitos	Tonelada	Macro túnel	Convencional	Nacional	16.55	16.55	0	1,665.31	100.62	4,003.22	6,666.60
	Total						12,799.34	12,522.69	16	891,821.08	71.22	2,719.16	2,425,003.59

Tabla 8. Valor de la producción agrícola de nopal verdura 2019.

Fuente: Servicio de Información Agroalimentaria y Pesquera (SIAP, 2019). *Servicio de Información Agroalimentaria y Pesquera.* México: Gobierno de México.

NOPAL TUNA

De esta variedad se obtiene la fruta conocida como tuna, éste tiene una producción amplia de los tipos: alfajayucan, criolla, pico chulo, roja y xoconostle. La tabla 9 muestra los valores de la producción.

	Cultivo	Variedad	UDM	Tipo de tecnología	Tipo de producción	Tipo de mercado	Superficie (ha)			Producción	Rendimiento (udm/ha)	PMR ($/udm)	Valor Producción (miles de Pesos)
							Sembrada	Cosechada	Siniestrada				
1	Tuna	Tuna criolla	Tonelada	Cielo abierto	Convencional	Nacional	2,990.80	2,990.80	0	64,117.83	21.44	4,041.65	259,141.61
2	Tuna	Tuna blanca burrón	Tonelada	Cielo abierto	Convencional	Nacional	1,466.00	1,466.00	0	11,769.02	8.03	3,177.08	37,391.10
3	Tuna	Tuna alfajayucan	Tonelada	Cielo abierto	Convencional	Nacional	18,637.05	17,679.55	15	171,648.90	9.71	2,758.92	473,565.05
4	Tuna	Tuna roja	Tonelada	Cielo abierto	Convencional	Nacional	7,809.05	7,730.80	0	93,741.06	12.13	3,529.26	330,836.44
5	Tuna	Tuna pico chulo	Tonelada	Cielo abierto	Convencional	Nacional	71	71	0	760.95	10.72	2,687.78	2,045.27
6	Tuna	Tuna blanca cristalina	Tonelada	Cielo abierto	Convencional	Nacional	7,428.00	7,042.00	0	75,908.52	10.78	3,345.60	253,959.61
7	Tuna	Tuna amarilla	Tonelada	Cielo abierto	Convencional	Nacional	6,210.50	5,741.00	0	40,204.39	7	3,902.32	156,890.47
8	Tuna	Tuna xoconoxtle	Tonelada	Cielo abierto	Convencional	Nacional	1,120.50	1,043.50	0	9,949.18	9.53	2,348.92	23,369.88
	Total						45,732.90	43,764.65	15	468,099.85	10.7	3,283.91	1,537,199.42

Tabla 9. Valor de la producción agrícola de nopal tuna 2019.

Fuente: Servicio de Información Agroalimentaria y Pesquera (SIAP, 2019). *Servicio de Información Agroalimentaria y Pesquera.* México: Gobierno de México.

NOPAL FORRAJERO

Esta variedad es la utilizada como alimento para los animales. La tabla 10 muestra los valores de la producción en el año 2019.

	Cultivo	Variedad	UDM	Tipc de tecnología	Tipo de producción	Tipo de mercado	Superficie (ha)			Producción	Rendimiento (udm/ha)	PMR ($/udm)	Valor Producción (miles de Pesos)
							Sembrada	Cosechada	Siniestrada				
1	Nopal forrajero	Nopal forrajero s/clasificar	Tonelada	Cielo abierto	Convencional	Nacional	17,267.10	16,267.10	80	167,710.46	10.31	423.23	70,980.35
Total							17,267.10	16,267.10	80	167,710.46	10.31	423.23	70,980.35

Tabla 10. Valor de la producción agrícola de nopal forrajero 2019.

Fuente: Servicio de Información Agroalimentaria y Pesquera (SIAP, 2019). *Servicio de Información Agroalimentaria y Pesquera.* México: Gobierno de México.

USOS Y APROVECHAMIENTO

Los nopales son dignos de ser considerados para la industrialización no solo por sus frutos y cladodios. Del mismo modo que cualquier otro vegetal utilizado para consumo humano, la tuna y los cladodios se conservan y transforman aplicando tecnologías equivalentes de procesamiento, y existen alimentos tradicionales preparados en base a tuna y nopalitos. Se cuentan entre ellos alimentos en base al fruto: mermeladas, jugos y néctares; productos deshidratados; jugos concentrados, jarabes y licores. En base a los cladodios se encuentran, entre otros, encurtidos, jugos, mermeladas y productos mínimamente procesados.

Además existen en estas plantas valiosos y atractivos compuestos funcionales que pueden ser extraídos y utilizados para formular y enriquecer nuevos alimentos, para formar parte de la cada vez más cotizada gama de aditivos naturales (gomas, colorantes) tanto para la industria alimentaria como farmacéutica y cosmética, para formular suplementos alimenticios, ricos en fibra o con fines de control de la diabetes o la obesidad, entre otros. Por otra parte, es importante la utilización indirecta de la planta como hospedero de la cochinilla del carmín para producir colorantes naturales.

Sin duda, la posibilidad de utilización integral de esta especie es de especial atractivo e interés para el sector agroindustrial, ya que toda industria busca obtener el máximo provecho de sus materias primas. Es una forma específica de aumentar la rentabilidad de la empresa y además se evita la eliminación de desechos. Estos, al ser producidos, pasan no solo a formar parte de las pérdidas de los procesos, influyendo directamente en la rentabilidad de los mismos, sino que además, si no son tratados oportuna y adecuadamente, pueden contaminar el entorno como residuos líquidos o sólidos, provocando en ocasiones daños ambientales irreversibles (Sáenz, 2006).

Los sectores industriales que han comenzado a producir productos derivados del nopal son: el de alimentos y bebidas, farmacéutico, cosmético, aditivos naturales, construcción, energético, turismo, textil, entre otros (Valdez, Blanco y Magallanes, 2008).

En la tabla 11 se presenta un esquema de algunas alternativas de procesamiento integral que tienen los nopales.

Productos		Subproductos
Tunas	Cladodios	Tunas y cladodios
Jugos y néctares	Jugos	Aceite de las semillas
Mermeladas, geles y jaleas	Encurtidos y salmueras	Mucílagos de los cladodios
Fruta y láminas deshidratadas	Mermeladas y jaleas	Pigmentos de las cáscaras y frutos
Edulcorantes	Harinas	Fibra dietaria de los cladodios
Alcoholes, vinos y vinagres	Alcohol	Pasta forrajera de la cáscara y las semillas
Fruta enlatada	Confites	
Fruta y pulpa congelada	Salsas	
	Nopalitos	

Tabla 11. Algunos productos alimenticios, subproductos y aditivos obtenidos de las tunas y los cladodios.

Fuente: Sáenz (2000); Corrales y Flores (2003)

APROVECHAMIENTO AGRÍCOLA

Aditivos naturales, algunos de los productos elaborados con base de nopal por este sector son gomas de cladodios, colorantes de fruta, películas de mucílago de nopal, pectina extraída de la penca de tuna, aceite de semillas de tuna, entre otros (Sandoval-Trujillo, 2019).

Entre los productos concentrados se encuentran los jugos concentrados y los néctares; cuando se utilizan tunas de colores para su elaboración, presentan especial atractivo.

APROVECHAMIENTO GANADERO

El uso de Opuntia spp. como forraje de ganado se ha extendido en países como México, Brasil, Túnez, Sudáfrica, Algeria, Marruecos, Líbano entre otros. Se estima que hay alrededor de 900.000 hectáreas cultivadas.

Este uso de la planta se debe a su eficacia al convertir el agua en materia seca, es decir, en energía digerible para el ganado. La mayor parte de los estudios aplicados a forraje se han realizado con O. ficus-indica, donde se reportan productividades de hasta 50 toneladas anuales de materia seca por hectárea (Torres-Ponce et al., 2015).

En la producción de forraje se considera el uso total de cladodios, por lo que es importante tener capacidad para producir gran cantidad de ellos, con la posibilidad de recuperación por la poda. Estas características están determinadas principalmente por el genotipo de la planta. Dado que la producción de forraje involucra el uso total o parcial de la estructura vegetativa, la capacidad de producir nuevos cladodios y de recuperarse rápidamente después de la poda, son características de mayor importancia en los programas de mejoramiento.

Las proporciones de los nutrientes en base seca, cambian con las especies, el cultivo, condiciones ambientales, suelo y técnicas de cultivo, entre otras variables. Los rangos de materia seca se encuentran entre 10-14 por ciento, la proteína bruta entre 2.5 a 9.4 por ciento; la fibra entre 8 a 17.5 por ciento, los carbohidratos totales entre 75-87 por ciento, de carbohidratos no fibrosos entre 50-61 por ciento y materia mineral entre 6-18 por ciento (Cavalcante et al., 2007). Cabe resaltar que el contenido de agua oscila entre 84 a 93 por ciento (López-García et al., 2001), por lo que el consumo del alimento en fresco puede aportar hasta 35 por ciento de la demanda de agua del ganado bovino en condiciones que no sean de sequía extrema.

Para alimentación animal, los nopales presentan altos contenidos de carbohidratos solubles, calcio y beta-caroteno, a pesar de eso se considera como una fuente de alimento que no se encuentra balanceada por lo que debe de enriquecerse, sobre todo para la preparación de concentrados (Oliveira, 2001; Araujo et al., 2005). La proteína cruda oscila entre los 25-60 g/kg de materia seca. Aunque es posible encontrar contenidos mayores en el material con espinas. La fertilización basada en la aplicación de compuestos nitrogenados puede ser una alternativa para aumentar el contenido de proteína cruda. González (1989) reportó que el contenido de proteína cruda en el cactus fertilizado fue cerca del doble. Sin embargo, el contenido de proteína en el alimento es un factor clave para la digestión de los rumiantes. Parte del nitrógeno consumido se transforma en amonio en el rumen, que es utilizado por la microbiota para producir proteínas microbianas. Del mismo modo, es importante también la absorción de proteínas de calidad en la dieta, de tal forma que sea posible que los aminoácidos se absorban en el intestino delgado y el animal tenga un mayor rendimiento (Oliveria, 2001). Por lo tanto es necesario encontrar formas de enriquecer el alimento en proteína de calidad.

PRODUCTOS ALIMENTICIOS

Alimentos y bebidas, este sector elabora productos tanto para consumo humano como para animales, algunos de éstos son: tortillas, mermeladas, salsas, productos en salmuera, jarabes, licores, dulces, helados, cáscaras y semillas para alimento de animales, entre otros.

Entre los productos concentrados se encuentran los jugos concentrados y los néctares; cuando se utilizan tunas de colores para su elaboración, presentan especial atractivo. Las mermeladas de tuna se encuentran también entre los productos concentrados; estas son producidas en Argentina, Estados Unidos de América, Italia y México.

También se elaboran mermeladas de nopal y jaleas de tuna; estas últimas se producen a nivel comercial en Estados Unidos de América, Italia y México, tanto a partir de tunas como de nopalitos. En México, la «melcocha», un tipo de mermelada típica artesanal obtenida de Opuntia streptacantha (Corrales y Flores, 2003); también se producen mermeladas de otras especies de nopales. En Estados Unidos de América se comercializan también caramelos masticables de diversos colores (cactus pear jelly candies) elaborados con el jugo de frutas.

El llamado queso de tuna es el producto concentrado, más importante, de la industrial artesanal de la tuna de México; se elabora con Opuntia streptacantha y se considera un producto de humedad intermedia, que se conserva bien a temperatura ambiente y se comercializa solo o, para obtener otro sabor, con piñones, cacahuetes o nueces. (López et al. 1997; Corrales y Flores, 2003).

La tuna enlatada, al igual que las salsas de tuna elaboradas con el jugo o con la cáscara de Opuntia xoconostle, son todos productos esterilizados comercialmente envasados en frascos de vidrio u hojalata, elaborados tanto en México como en el sur de Estados Unidos de América (Sáenz, 1999).

Entre los productos fermentados, uno de los más conocidos en México es el colonche, una bebida alcohólica de baja graduación, elaborada a partir del jugo de Opuntia streptacantha. La elaboración de vino y aguardiente de tuna elaborada a partir del jugo es otra alternativa conocida desde hace años en este país. Una industria artesanal cercana a ciudad de México elabora licores de tunas de colores de una presentación muy atractiva, que se obtienen por maceración de la pulpa en alcohol de alta graduación.

La harina de nopal se obtiene por deshidratación y molido de los cladodios, previamente desespinados, lavados y cortados y tiene aplicación en las industrias panificadora, galletería y pastas o bien en la de fibras dietéticas peletizadas. Esta última aplicación resulta muy importante en virtud de que el consumo de fibras tipo soluble representa una mejoría significativa de los procesos digestivos de las personas afectadas por estreñimiento y el nopal es una fuente importante de este tipo de fibras (Sáenz, 1999).

APROVECHAMIENTO COSMÉTICO Y FARMACÉUTICO

Farmacéutico, produce principalmente suplementos alimenticios en forma de cápsulas y tabletas de polvo de nopal, harinas de fibra de nopal, protectores gástricos de extractos de mucílago en forma de bebidas o tabletas, entre otros. Cosméticos, elabora cremas, jabones, lociones, mascarillas y shampoo.

El incremento en la incidencia de enfermedades crónicas como la diabetes es un problema actual. Se han desarrollado y estudiado tratamientos alternativos para ayudar a disminuir los niveles de glucosa en sangre y entre estos tratamientos se puede mencionar el uso de plantas medicinales con efecto hipoglucemiante. El nopal se utiliza para el control de la glucosa, ya que tiene un alto contenido de fibra soluble y pectinas, que pueden afectar favorablemente la absorción de glucosa a nivel intestinal, por lo cual se la considera hipoglucemiante. Un estudio realizado a pacientes diabéticos y vendedores herbolarios de México, confirmaron que la planta Opuntia spp, es utilizada tradicionalmente para el tratamiento de la diabetes no insulino dependiente. Se utilizan los cladodios jóvenes a los cuales se les ha retirado las espinas; éstos son posteriormente lavados y cortados, para finalmente licuarlos con agua y consumirlos antes del desayuno. El resultado es una disminución de los niveles de glucosa postprandial (Andrade- Cetto y Wiedenfeld, 2011).

En años recientes se comenzó a comercializar la fibra deshidratada de nopal para complementar los tratamientos en trastornos digestivos. La pulpa deshidratada del nopal constituye un material fibroso, cuya función medicinal se basa, como cualquier otra fibra natural, en favorecer el proceso digestivo, reduciendo el riesgo de problemas gastrointestinales y ayudando en los tratamientos contra la obesidad. Adicionalmente, la fibra disminuye el nivel de lipoproteínas de baja densidad, y disminuye el colesterol en la sangre al interferir en la absorción de grasas que realizan los intestinos (Bensadón et al., 2010).

Los nopales también son utilizados en la medicina naturista como cataplasmas para golpes, contusiones, hinchazones, quemaduras, analgésico, diurético, descongestionante y antiespasmódico.

MANEJO Y APROVECHAMIENTO AGROINDUSTRIAL ALTERNATIVO

En la industria, es usado como anticorrosivo. En Marruecos, Hammouch et al. (2004) informan que la utilización de un extracto acuoso obtenido de los cladodios demostró ser exitoso para evitar la corrosión del hierro. Por su parte Torres-Acosta et al. (2005) en estudios preliminares, encontraron que la adición de mucílago de cladodios al concreto evitaba la corrosión de barras acero inmersas en el mismo. Torres-Acosta et al. (2004) también analizaron la adición de mezclas de nopal y Aloe vera en el concreto, como un modo de aumentar las propiedades anticorrosivas al entrar en contacto con el acero.

Producción de biogás

El aprovechamiento del nopal como un co-sustrato de la pulpa de café tiene una importante ventaja para la producción de biogás, ya que la sinergia de las mezclas, compensando las carencias de cada uno de los substratos por separado. Además de incrementar el potencial de producción de biogás, la adición de co-sustratos fácilmente biodegradables confiere una estabilidad adicional al sistema. Este efecto puede deberse a un aumento en la biomasa activa resultando en una mayor resistencia a fenómenos de inhibición (Rosa-Cruz, 2015).

También las partes inorgánicas de algunos de estos co-sustratos, como es el caso de las arcillas y compuestos de hierro, han mostrado un efecto positivo frente a los procesos de inhibición por amonio o sulfhídrico. Además, unifica la gestión de estos residuos al compartir instalaciones de tratamiento, reduciendo los costes de inversión y explotación (Angelidaki y Elleggard, 2003).

En países de Sudamérica, principalmente en Chile, existen varios proyectos piloto y empresariales para la construcción de platas de biogás cuyos reactores estarían alimentados por nopal (Sánchez, 2012). En los países mediterráneos, su uso como cultivo energético para la producción de biogás podría jugar un papel fundamental para el desarrollo de esta industria, ya que en estos países los cultivos energéticos los cultivos energéticos "clásicos" para la producción de biogás (como puede ser el silo de maíz en Alemania) no son viables debido a sus restricciones climáticas (Ramos-Suárez et al., 2012).

Producción de polímeros

Actualmente en diferentes partes del mundo, se llevan a cabo investigaciones para producir a partir del nopal, plásticos de origen natural que puedan usarse de diversas maneras, se ha tratado de igualar las propiedades físico-mecánicas de los plásticos convencionales esperando que en corto tiempo se logre su incorporación a los mercados y su utilización sea una opción rentable (Carballo, 2009). Los biopolímeros o (bioplásticos) son materiales con propiedades similares a los plásticos derivados del petróleo, pero que se producen a partir de fuentes de carbono renovables (azúcares, ácidos, lípidos, etc.) y son generalmente biodegradables. Se clasifican de acuerdo a su origen y al proceso de síntesis por el cual son obtenidos (Tharanathan, 2003; Valero, Ortegón & Uscategui, 2013). Se ha encontrado que los polisacáridos propios de algunas plantas, pueden ser utilizados como materia prima para la elaboración de plásticos naturales; dentro de los polisacáridos que comúnmente se han estudiado con este fin, se encuentra el almidón que está presente en muchos vegetales, entre ellos el plátano (Zamudio, Bello, Vargas, Hernández & Romero, 2007) y la yuca (Ruiz, 2006). Otro polisacárido que ha sido estudiado con este fin, es el mucílago de diferentes plantas entre las que destacan el nopal (Espino et al., 2010) y la sábila (Restrepo & Aristizábal, 2010), ambas utilizadas principalmente en la producción de películas plásticas con el fin de recubrir alimentos.

Del estudio realizado por Pascoe-Ortiz (2019), se ha determinado la composición química de cuatro variantes del jugo de Opuntia megacantha. El jugo de las cuatro variantes tiene un alto contenido de carbohidratos, siendo el jugo de cladodios con un año de edad el que presenta mayor concentración de ellos, independientemente del manejo que se tenga durante su producción. Además, en todos los jugos estudiados se encontraron compuestos fenólicos que pueden resultar interesantes por su posible actividad antioxidante y su efecto plastificante en películas comestibles.

Es factible obtener películas plásticas utilizando jugo decantado de nopal de la especie Opuntia megacantha. La combinación de jugo de nopal de Opuntia megacantha decantado, proteína animal, glicerol y cera natural da resultados de elongación a la rotura y resistencia a la tensión similares a los de otros biopolímeros utilizados como películas comestibles. Se han identificado tanto carbohidratos como compuestos fenólicos que son de interés en la producción de películas para empaques de alimentos.

Preparación de alimentos

Los nopales tiernos de la Opuntia pueden consumirse directamente como verdura en fresco, procesado en salmuera y/o escabeche, preparados con salsas y ajíes para rotiserías, hoteles, restaurantes, etc. También pueden utilizarse en la preparación de yogurt, sopas, salsas, ensaladas, jugos concentrados.

A nivel industria alimentaria, tomando en cuenta el grado de madurez del nopal, se pueden desarrollar aplicaciones como aditivos naturales a partir del mucílago del nopal, ya que se obtienen espesantes, reemplazantes de grasas, estabilizadores de emulsiones, películas comestibles y recubrimientos para alargar la vida de almacenamiento y mejorar la calidad de alimentos frescos, congelados y procesados (Aguirre-Cárdenas et al., 2011).

Debido a la corta vida de anaquel del nopal fresco se han desarrollado también algunas estrategias de preservación de los componentes del mismo, siendo el de mayor aplicación el nopal deshidratado en polvo (Contreras-Padilla et al., 2012). El producto se prepara después de la selección, cortado, deshidratación y molienda de los nopales, resultando un polvo fino de color verde claro, bajo en humedad y listo para su consumo, con una mayor vida en anaquel. Así se facilita su manejo y conservación las propiedades funcionales de interés.

Recientemente, en México ha surgido una serie de alimentos procesados a base de nopal, como los siguientes:

- Nopalitos en salsa: son nopalitos enlatados con diversas salsas, como nopalitos en salsa de chile o ají picante.
- Paté de nopal con soya: es un puré de nopalitos con soya texturizada y saborizada a carne de res o pollo; este producto se envasa en frascos.
- Nopalitos con atún: es una ensalada denominada «Azteca» que contiene atún, frijoles, nopalitos y chiles o ajíes picantes tipo jalapeño; la presentación comercial de este producto es enlatado.
- Los nopalitos en salsa, con atún, champiñones, embutidos o verduras, forman un grupo de productos que se pueden denominar nopalitos adicionados con alimentos, presentaciones que ya están aceptadas por el mercado mexicano.
- Cereal con nopal: es un peletizado de harina y salvado de trigo y polvo de nopal deshidratado, con maltodextrinas, cuyo principal aporte es fibra hidrosoluble; se envasa en polietileno y cajas de cartón.
- Harina de cereal y nopal: es un polvo fino, resultado de la molienda del nopal deshidratado y de granos de cereales, especialmente del que se ha cernido para separar el salvado y otros; el nombre de harina es dado por extensión a muchas materias finamente pulverizadas.
- Tamales de Nopal con masa de maíz.
- Penca de nopal rellena con carne molida de res o cerdo.
- Chiles rellenos de queso con nopales.

CONCLUSIONES

El cultivo del nopal en nuestro país tiene un potencial de crecimiento. Ante las bondades que ofrece el producto, es necesario un incremento de áreas de explotación de esta hortaliza para su consumo en fresco en un mayor número de mercados.

Si bien existen problemas de falta de apoyo al cultivo, así como de créditos para desarrollar e implementar las tecnologías modernas de explotación, el nicho que ofrece la temporalidad del producto puede ser atractivo para su explotación.

Los costos de producción como en muchos otros productos, se han incrementado. Sin embargo, a pesar de que la rentabilidad ha bajado, existe la factibilidad para lograr incrementos en los rendimientos de las plantaciones existentes, y más aún en las nuevas.

Es necesario impulsar la participación de las Universidades e Institutos en la investigación para el mejoramiento del cultivo; coordinar e instrumentar una asistencia técnica que permita el incremento de rendimientos y combate de plagas y enfermedades de una manera ecológica, disminuyendo o aún eliminando el uso de plaguicidas que acoten su mercado, impulsando la producción de nopal orgánico.

Implementar y mejorar los sistemas de explotación en micro túneles que permita sacar al mercado mayores volúmenes, en épocas invernales.

REFERENCIAS

Andrade-Ceto, A. y Wiedenfeld, H. H. 2011. Anti-hyperglycemic effect of Opuntia streptacantha Lem. Journal of Ethnopharmacology. 133:940-943.

Aguilar, C. N.; Rodríguez, H. R.; Saucedo, P. S. y Jasso, C. D. (2008). Fitoquímicos Sobresalientes del Semidesierto Mexicano: de la planta a los químicos naturales y a la biotecnología. Ed. Path Design Saltillo, Coahuila, México. 579 p.

Aguirre-Cárdenas, M., García-Delgado, P., González-González, R., Jofre-Garfias, A. L., Legorreta-Siañez, A.V. y Buenrostro-Zagal, J. F. 2011. Desarrollo y evaluación de una película comestible obtenida del mucílago del nopal (Opuntia ficus indica) utilizada para reducir la tasa de respiración de nopal verdura. En: VIII Congreso Iberoamericano de Ingeniería de Alimentos. Lima, Perú 23 al 26 de octubre. 1-5. pp.

Angelidaki, I. and Ellegaard, L. (2003). Codigestion of manure and organic wastes in centralized biogas plants. Applied Biochemistry and Biotechnology 109(1-3): 95-105.

Barbera, G. e Inglese, P. 1992. The quality of cactus pear fruits. pp. 143-148. In: Actas II Congreso Internacional de la Tuna y Cochinilla, Santiago.

Bensadón, S., Hervert-Hernández, D., Sáyago-Ayerdi, S. G. y Goñi I. 2010. By-Products of Opuntia ficus-indica as a Source of Antioxidant Dietary Fiber. Plant Foods Human Nutrition 65: 210-216.

Bravo H., H. 1978. Las Cactáceas de México. Tomo 1. Ed. Universidad Nacional Autónoma de México. México.

Cantwell, M. 1999. Manejo postcosecha de tunas y nopalitos. pp. 126-143. In: G. Barbera, P. Inglese y E. Pimienta, eds. Agroecología, cultivo y usos del nopal. Estudio FAO Producción y Protección Vegetal, 132. Roma.

Cavalcante, F. S. y Carvalho, C. L. 2007. Palma forrageira (Opuntia Ficus-Indica Mill.) como alternativa na alimentação se ruminantes Revista Electrónica de Veterinaria 8(5):1-11.

Chessa, I. y Nieddu, G. 1997. Descriptors for cactus pear (Opuntia spp.). Ed. P. Inglese. Universitá degli Studi di Reggio Calabria. Cactusnet Newsletter. FAO International Technical Cooperation Network on Cactus pear. Special Issue May 1997.

Contreras-Padilla, M., Gutiérrez- Cortez, E., Valderrama- Bravo, M. C., Rojas-Molina, I., Espinosa- Arbeláez, D. G., Suárez- Vargas, R. y Rodríguez- García, M. E. 2012. Effects of drying process on the physicochemical properties of nopal cladodes at different maturity stages. Plant Food Human Nutrition, 67:44-49.

Corrales, J. y Flores, C. A. 2003. Tendencias actuales y futuras en el procesamiento del nopal y la tuna. pp: 167-215. In: Flores V. C. A., ed. Nopalitos y tunas, producción, comercialización, poscosecha e industrialización. 1ª Ed. Universidad Autónoma Chapingo, CIESTAAM. México.

Flores, C., de Luna, J. M. y Ramírez, P. P. 1995. Mercado Mundial del Nopalito. ASERCAUACh- CIESTAAM. Chapingo, México.

Gonzalez, C. 1989. Potential of fertilization to improve nutritive value of prickly pear cactus (Opuntia lindheimeri Engelm.). Journal of Arid Environment, 22:323-331.

Inglese, P. 1999. Plantación y manejo de huertos. p. 82-96. In: Barbera, G., Inglese, P. y Pimienta, E. eds. Agroecología, cultivo y usos del nopal. Estudio FAO Producción y Protección Vegetal 132. Roma.

Janet, S. (s. f.). Alternativas de producción del nopal en el Estado de México. 13.

Jonas, A., Rosenblat, G., Krapft, D., Bitterman, W. y Neeman, I. 1998. Cactus flower extracts may prove beneficial in benign prostatic hyperplasia due to inhibition of 5-alpha reductase activity, aromatase activity and lipid peroxidation. Urol Res. 26: 265-270.

Kuti, J. O. 1992. Growth and compositional changes during the development of prickly pear fruit. J. Hort. Sci. 67: 861-868.

López-García, J.J., Rodríguez, F.M., y Rodríguez, G.A. 2001. Production and use of Opuntia as forage in nothern México. Mondragón J. C. y Pérez G. (Eds.) Cactus (Opuntia spp.) as forage FAO Plant Production and Protection Paper 169. Rome. Italy.

Maki-Díaz, G., Peña-Valdivia, C. B., García-Nava, R., Arévalo-Galarza, M. L., Calderón-Zavala, G., y Anaya-Rosales, S. (2015). Características físicas y químicas de nopal verdura (Opuntia ficus-indica) para exportación y consumo nacional. Agrociencia, 49(1), 31-51.

Mondragón-Jacobo, C. 2004. Mejoramiento genético del nopal: avances al 2003 y perspectivas. p. 49-71. In: El nopal, tópicos de actualidad. Ed. Esparza, G., Valdéz R. D. y Méndez, S. Universidad Autónoma de Chapingo, México.

Muñoz de Chávez, M., Chávez, A., Valles, V. y Roldán, J. A. 1995. The nopal: a plant of manifold qualities. World Rev. Nutr. Diet. 77:109-134.

Ochoa, J. 2003. Principales características de las distintas variedades de tuna (Opuntia spp.) de la República Argentina In: Inglese, P. y Nefzaoui, A. eds. Cactusnet Newsletter. FAO International Technical Cooperation Network on Cactus pear. Número especial. Roma.

Oliveira M. A. 2001. Production of fungal protein by solid substrate fermentation of cactus Cereus peruvianus and Opuntia ficus indica. Química Nova. 24:307-310.

Pascoe, Sandra & Macías, Ramón & Robledo-Ortíz, Jorge & Salcedo-Pérez, Eduardo & Zamora-Natera, Juan & Rabelero-Velasco, Martín & Vargas-Radillo, Jjesús. (2019). Identificación de propiedades presentes en jugo de Opuntia megacantha Salm-Dyck importantes para la producción de biopolímeros. TIP Revista Especializada en Ciencias Químico-Biológicas. 22. 10.22201/fesz.23958723e.2019.0.197.

Pimienta, E. 1990 El nopal tunero. Universidad de Guadalajara, México.

Rodríguez-Félix, A. y Cantwell, M. 1988. Developmental changes in composition and quality of prickly pear cactus cladodes (nopalitos). Plant Foods Hum. Nutr. 38: 83-93.

Rodríguez, S., Orphee, C., Macías, S., Generoso, S. y Gomes García, L. 1996. Tuna: Propiedades físico-químicas de dos variedades. Aliment. Latinoamer. 210: 34-37.

Rosa-Cruz, R.J. 2015. Producción de biogas en sustarto solido mediante la digestión anaerobia de pulpa de café. Tesis. Universidad Veracruzana.

Sáenz, C. y Gasque, F. 1999. Jugos y néctares: Legislación y estándares de calidad. 2 (7):12-15.

Sáenz, C. y Sepúlveda, E. 2001a. Ecotipos coloreados de tuna (Opuntia ficus-indica). ACONEX 72:29-32.

Sáenz, C. y Sepúlveda, E. 2006. Utilización agroindustrial del nopal. Boletín de servicios agrícolas de la FAO No. 162:1-95. Organización de la Naciones Unidas para la Agricultura y la Alimentación. Roma.

Sánchez, F. (2012). Potencial del cultivo de la chumbera (Opuntia ficus-indica (L) Miller) para la obtención de biocombustibles. Tesis doctoral. Universidad Politécnica de Madrid, Madrid.

Sandoval, S., Ramírez, V. y Hernández, B. (2017). Alternativas de comercialización de la producción del nopal en el Valle de Teotihuacán. En Compilación mexicana de estudios empresariales (pp. 22-32). México: Universidad Tecnológica de Tula-Tepeji.

Sandoval-Trujillo, S.Y., Ramírez-Cortés, V., Hernández-Bonilla, B.E. (2019). Alternativas de producción del nopal en el Estado de México. VinculaTégica, 5(2), 1349-1360

Servicio de Información Agroalimentaria y Pesquera (SIAP, 2017). Servicio de Información Agroalimentaria y Pesquera. México: Gobierno de México.

Servicio de Información Agroalimentaria y Pesquera (SIAP, 2018). Servicio de Información Agroalimentaria y Pesquera. México: Gobierno de México.

Servicio de Información Agroalimentaria y Pesquera (SIAP, 2019). Servicio de Información Agroalimentaria y Pesquera. México: Gobierno de México.

Silos-Espino, H., Fabián-Morales, L., Osuna-Castro, J. A., Valverde, M. E., Guvar-Lara, F. y Paredes-López O. 2003. Chemical and biochemical changes in prickly pears with different ripening behaviour. Nahrung 47 (5): 334-338.

Torres-Ponce, R. L., Morales-Corral, D., Ballinas-Casarrubias, M. de L., & Nevárez-Moorillón, G. V. (2015). Nopal: Semi-desert plant with applications in pharmaceuticals, food and animal nutrition. Revista Mexicana de Ciencias Agrícolas, 6(5), 1129-1142.

Sudzuki, F. 1999. Anatomía y morfología. pp. 29-36. In: Barbera, G., Inglese, P. y Pimienta, E., eds. Agroecología, cultivo y usos del nopal. Estudio FAO Producción y Protección Vegetal, 132. Roma.

Sudzuki, F., Muñoz, C y Berger, H. 1993. El cultivo de la tuna (Cactus Pear). Departamento de Reproducción Agrícola. Universidad de Chile.

Valdez, C. R. D., Blanco, M. F., Vázquez, A. R. E., y Magallanes, Q. R. (2008). Producción y usos del nopal para verdura. Revista Salud Pública y Nutrición, 14, 1-19.

Villarreal, P. 1997. Elaboración y caracterización de confitados de cladodio de tuna (Opuntia ficus-indica L. Mill.). Memoria para optar al Título de Ingeniero Agrónomo. Facultad de Ciencias Agronómicas y Forestales. Universidad de Chile. Santiago.

Villegas y de Gante, M. 1997. Los Nopales (Opuntia spp.) recursos y símbolos tradicionales en México. pp. 271-273. In: Memorias. VII Congreso Nacional y V Internacional sobre Conocimiento y Aprovechamiento del Nopal. Universidad Autónoma de Nuevo León, Monterrey, México.

CAPÍTULO 5. HONGOS SILVESTRES COMESTIBLES COMO ALTERNATIVA PRODUCTIVA

Elba González Aguayo
Unidad Académica de Medicina Veterinaria y Zootecnia
Universidad Autónoma de Zacatecas

INTRODUCCIÓN

Los hongos, son organismos pertenecientes al reino fungi, agrupando a todos los eucariotas heterótrofos, unicelulares y multicelulares, a diferencia de los vegetales, no tienen clorofila ya que no realizan fotosíntesis, por lo que su nutrición es heterótrofa, no sólo con respecto al carbono y al nitrógeno, sino también a otras sustancias; adquieren su alimento por descomposición y adsorción de la materia orgánica a través de la membrana y pared celulares, a diferencia de los animales, sus células no suelen estar desnudas, salvo en los grupos inferiores, sino cubiertas por una membrana protectora que suele ser de quitina, y se agrupan para formar talos filamentosos denominados hifas, cuya reunión constituye a su vez un micelio, o cuerpo vegetativo, que penetra el sustrato donde se desarrollan (Conceptos y Definiciones, 2020).

Los macromicetos comestibles han sido un recurso utilizado a lo largo del tiempo por diversos pueblos en México y en el mundo (Boa, 2005); se estima que existen más de 200,000 especies de hongos, sin embargo sólo alrededor del 5 % son conocidas (Aguirre Acosta, Ulloa, Aguilar, Cifuentes, & Valenzuela, 2014). En un estudio realizado por Garibay Orijel y Ruan Soto en 2014, cuantificaron la existencia de 371 taxas de hongos silvestres que son consumidos en el territorio mexicano.

Actualmente la demanda de los hongos comestibles silvestres ha aumentado considerablemente ya que representan una nueva tendencia alimenticia. Los hongos tienen alto valor nutrimental y energético y brindan propiedades benéficas para la salud, por lo que se consideran alimentos funcionales de alto valor culinario (Trigos & Suárez Medellín, 2010).

Las estrategias de aprovechamiento de hongos comestibles silvestres han sido descritas para muchas regiones de nuestro país. Se ha evaluado la diversidad de especies que son aprovechadas (Garibay Orijel & Ruan Soto, Listado de hongos silvestres consumidos como alimento tradicional en México, 2014), las estrategias de recolección (Ruan Soto, Recolección de hongos comestibles silvestres y estrategias para el reconocimineto de especies tóxicas entre los tsorsiles de Chamula, Chiapas, México., 2018), y el grado de importancia cultural de las especies (Bello Cervantes, Correa Metrio, Montoya, Trejo, & Ci-Fuentes, 2019), así como el efecto de la recolección en la diversidad y abundancia de esporomas (Ruiz Almenara, Gándara , & Gómez Hernández, 2019).

No obstante, las investigaciones se han centrado en las tierras altas (bosques), ya que al parecer en las tierras bajas (selvas) el aprovechamiento de especies es menor (Ruan Soto, Cifuentes, Mariaca, Limón , Pérez Ramírez, & Sierra , 2009). Esto se debe a que los habitantes de tierras bajas consumen un número menor de especies que en tierras altas, producto quizá de una riqueza también menor en los trópicos. Por ejemplo, estudios etnomicológicos realizados en regiones boscosas en México han registrado que la gente consume entre 11 y 66 especies de hongos (Shepard , Arora, & Lampman, 2008); mientras que en las selvas se ha registrado el consumo de 2 a 13 especies (Ruan Soto, Cifuentes, Mariaca, Limón , Pérez Ramírez, & Sierra , 2009). Del mismo modo, las estrategias de recolecta también son diferentes entre ambos pisos ecológicos; mientras que los habitantes de las tierras altas por lo general obedecen a una estrategia planificada y continua durante la época de lluvias, en tierras bajas ésta parece ser más ocasional y fortuita (Ruan Soto, Micofilia o Micofobia: Estudio comparativo de la importancia cultural de los hongos comestibles entre grupos mayas de tierras altas y de tierras bajas de Chiapas México., 2014). En tierras altas existe una mayor riqueza de especies y una mayor producción de biomasa, mientras que en tierras bajas se presenta una mayor abundancia de esporomas, frecuencia espacial y temporal (Ruan Soto & García Santiago, Uso de los hongos macroscopicos: estado actual y prespectivas., 2013).

También se realiza aprovechamiento de especies de macromicetos comestibles en espacios transformados, como pueden ser las milpas u otros espacios de cultivo en distintos pisos ecológicos (Del Moral, Contreras, Medel, & Ruan Soto, 2017). En los sitios con vegetación natural (bosques o selvas) se han registrado un mayor número de etnotaxones que en los agroecosistemas. Sin embargo, es de destacar el alto número más del 50% de etnotaxones comestibles que se registran en los sistemas agrícolas, independientemente de la conocida presencia e importancia del cuitlacoche (*Ustilago maydis*) en los cultivos de maíz (Valadez, Moreno Fuentes, & Gómez, 2011).

México es uno de los países con mayor diversidad de hongos comestibles silvestres; se consumen alrededor de 371 especies (Garibay Orijel & Ruan Soto, Listado de los hongos). Debido a esta gran diversidad fúngica es fundamental estudiar las especies silvestres nativas, fortalecer su conservación y buscar alternativas para su aprovechamiento (Gaitán-Hernández & Salmones, 2015). El estudio de los hongos comestibles silvestres puede generar grandes beneficios económicos, sociales, biotecnológicos y científicos.

Tal recurso no se ha utilizado en todo su potencial y se puede hacer uso del conocimiento tradicional y ecológico que existe al respecto, para identificar las especies más valoradas y con mayor demanda, que eventualmente pueden ser aprovechadas. El objetivo de la presente revisión es informar y difundir la relevancia de los hongos silvestres comestibles en México, planteando a la domesticación como un eje fundamental de la conservación y aprovechamiento integral de este recurso.

IMPORTANCIA ECOLÓGICA

En ese aspecto los hongos desempeñan un papel indispensable, pues contribuyen al reciclamiento de nutrientes, a través de la descomposición de residuos lignocelulósicos y excretas de animales, al manteniendo la fertilidad del suelo, forman parte de la cadena trófica y mantienen interacciones con la flora y fauna, contribuyendo a la salud del sistema forestal (Montoya & Oregon, 2012). Existe una gran variedad de sustratos donde los hongos pueden crecer, podemos encontrarlos sobre la tierra, en residuos orgánicos vegetales muertos o vivos y hasta en el agua. Los hongos viven en materia orgánica muerta, incluyendo hojas, pastos, conos de pinos, nueces, etc. (Domínguez Romero, Arzaluz Reyes, Valdés Valdés, & Romero Popoca, 2015).

Dentro de los hongos más importantes se encuentran los micorrícicos, puesto que aproximadamente el 80 % de las plantas son capaces de formar asociaciones simbióticas con ellos. Estos mejoran la nutrición del árbol, a través de la asimilación de elementos poco móviles como nitrógeno, fósforo, cobre y zinc (Martínez Peña, y otros, 2012); y otorgan mayor tolerancia al estrés ambiental, nutrimental y a factores externos (ataque de patógenos o insectos). (Jiménez, Pérez Moreno, Almaraz Suárez, & Torres Aquino, 2013).

Adicionalmente, los hongos sirven de alimento a la fauna local, la cual a su vez contribuye a su dispersión y a la regeneración vegetal en zonas perturbadas, dado que las excretas son excelente fuente de inoculo micorrizógeno (Castillo Guevara, Lara, & Pérez, 2012). Todo lo anterior favorece el equilibrio de los ciclos biogeoquímicos (Martínez Peña, y otros, 2012) fomenta la productividad y contribuye a la resiliencia de los bosques (Savoie & Largeteau, 2011).

El aprovechamiento forestal usualmente se ha centrado en la producción de madera, sin embargo, los altos costos de producción, la globalización y las preocupaciones públicas para la protección del ecosistema, hacen necesario un nuevo enfoque de manejo del bosque. En este sentido, la recolección de hongos ha demostrado una rentabilidad igual o mayor (hasta un 60 % más) que la producción maderable y la creciente demanda de los hongos silvestres comestibles por sus propiedades nutracéuticas, han aumentado la importancia de los hongos en el bosque. (Bonet, De Miguel, Martínez de Aragón, Pukala, & Palahí, 2012).

La recolección de hongos silvestres comestibles es compatible con la conservación de los recursos naturales, debido a que mantiene una producción continúa de los bienes y servicios que proporciona el bosque. Forma parte de su ciclo y contribuye a su salud y productividad, conformando con ello un componente ecológico, pues este tipo de aprovechamiento ocasiona menos impactos que otras actividades como la agricultura y la ganadería, generando en las comunidades un incentivo para proteger sus recursos forestales.

De esta forma, la diversidad étnica y de recursos bióticos existente en las diferentes regiones agroecológicas de México, permite que se realice el aprovechamiento de los hongos silvestres comestibles con una visión particular y distinta, que conforma la estrategia de supervivencia de muchos grupos rurales e indígenas. En este sentido, se mantiene el conocimiento empírico de un recurso importante, que aporta ingresos, beneficia la conservación del ambiente y promueve la organización social, usos y costumbres de las comunidades establecidas en los ecosistemas forestales. (Alvarado Castillo, Mata, & Benítez Badillo, 2015).

IMPORTANCIA SOCIOCULTURAL

En México existe un extenso conocimiento micológico proveniente desde la época prehispánica; centrado en nuestros días principalmente en comunidades del medios rural (Ruan Soto, Cifuentes, Mariaca, Limón , Pérez Ramírez, & Sierra , 2009). Además de esta gran biodiversidad, las comunidades rurales, poseen una profunda comprensión sobre las propiedades, taxonomía, biología y ecología local de muchos de los hongos relacionados a los ecosistemas forestales (Ruan Soto & García Santiago, Uso de los hongos macroscopicos: estado actual y prespectivas., 2013), prueba de ello es la nomenclatura tradicional que hace referencia a su morfología, color, lugar de crecimiento e incluso a los árboles asociados (Lara Vázquez, Romero Contreras, & Burrola Aguilar, 2013).

Implementan diferentes estrategias al momento de recolectar los hongos, considerando como parámetro el sustrato donde crece el hongo generalmente seleccionan aquellos que crecen sobre madera (lignícolas). También se colectan aquellos hongos que tienen presencia de gusanos; otro criterio es también el sabor dulce del hongo en crudo, ya que los hongos no comestibles presentan sabores amargos. En cuanto a su consumo se refiere, los hongos que no son consumidos en fresco son preservados, secándolos en forma de rosarios. Esto con la finalidad de consumirlos en épocas de secas o épocas especiales. (Montoya, Kong, Estrada Torres, Cifuentes, & Caballero, 2004).

Las mujeres son quienes participan activamente en la recolección y venta de las especies de hongos silvestres encontrados, lo que muestra que son las portadoras del conocimiento etnomicológico, es decir, saben los lugares en donde se desarrollan, la asociación que tienen con otras especies vegetativas, la época de fructificación y pueden diferenciar las especies comestibles de las dañinas, o en su caso, conocen como usar estas últimas como repelente de plagas (Contreras Cortés, Vázquez García, & Ruan Soto, 2018).

El principal uso de los hongos entre los pobladores es el alimentario, aunque su uso medicinal es limitado, también existen comunidades que los utilizan, registrándose hasta el momento más de 120 taxa para la medicina tradicional (Bautista González & Moreno Fuentes, 2014).

VALOR NUTRICIONAL

Los macromicetos son considerados ingredientes principales de platillos tradicionales y gourmet, así como también excelentes acompañantes de innumerables formas de preparación. Aunque se continúan considerando como una amenaza a las especies venenosas y letales, la realidad es que los episodios de muertes y envenenamientos son pocos y raros comparados con el consumo cotidiano y seguro de las especies de hongos silvestres.

El uso de hongos en la dieta de los seres humanos ha prevalecido debido a su sabor y olor característico. Sin embargo, en los últimos años el interés por los hongos silvestres comestibles se ha intensificado, ya que constituyen una fuente importante de nutrientes. Presentan una composición química que los hace atractivos desde el punto de vista nutricional; en general, contienen 90 % de agua y 10 % de materia seca, de los cuales 27-48 % son de proteína, aproximadamente 60 % corresponde a carbohidratos, en especial fibras dietéticas (D-glucanas, quitina y sustancias pécticas) y 2-8 % son lípidos (Sánchez C. , 2004), entre los cuales destaca el ácido linoléico (Bonatti, Karnopp, Soares, & Furlan, 2004).

El alto contenido proteico, (15 al 35% del peso seco), refleja las creencias que los hongos son un sustituto efectivo de la carne, aunque no todos los hongos silvestres contienen gran cantidad de proteínas, su valor nutritivo más bien puede ser comparado con el de especies vegetales. El contenido de minerales en los hongos comestibles varía entre 6 y 11 % según la especie; los que aparecen en mayor cantidad son el calcio, potasio, fósforo, magnesio, zinc y cobre. En cuanto al contenido de vitaminas, los hongos comestibles son ricos en riboflavina (B2), niacina (B3) y folatos (B9) (Roncero Ramos, 2015).

Tabla 1. Propiedades químicas de los hongos silvestres comestibles.

Especies de hongos	Gramos por cada 100 g de materia fresca				
	Humedad	Grasa cruda	Minerales	Proteína cruda	Fibra cruda
Agaricus bisporus	91.4	0.3	0.8	1.8	2.0
Amanita caesarea	93.8		0.7	0.81	1.02
Boletus edulis	90.8	0.5	0.6	1.7	2.1
Pleurotus ostreatus	92	0.4	0.9	1.6	
Pleurotus spp.	92.4		0.6	1.2	1.7
Ramaria flava	92.7		0.6	1.1	1.7

Fuente: elaboración propia con datos de (Cano Estrada & Romero Bautista, 2016).

Por otra parte, los macromicetos producen metabolitos secundarios como los compuestos fenólicos, los pigmentos carotenoides y el ergosterol que reducen el riesgo de contraer enfermedades, especialmente cáncer o trastornos cardiovasculares. Los polifenoles son compuestos químicos que poseen una actividad antioxidante efectiva en los sistemas biológicos, actúan también como agentes antiinflamantorios y contra el envejecimiento celular, interfieren en la iniciación y progresión de cáncer (Robaszkiewicz, Bartosz, Lawrynowicz, & Soszynski, 2010).

Los hongos han trascendido a través del tiempo; ya que presentan un potencial culinario en muchos países, a través de la manifestación de diversos productos y platillos. Los hongos microscópicos por un lado, con la elaboración de quesos, panes y algunas bebidas industrializadas como el vino. Pero los hongos silvestres comestibles siguen siendo la base en la elaboración de un sinnúmero de platillos, desde los tradicionales hasta los más exóticos. A diferencia de otros alimentos, se distinguen por sus variadas formas, aromas, colores, sabores, texturas y tamaños (Cano Estrada & Romero Bautista, 2016). Algunas de las especies de hongos comestibles más cotizados para el consumo de describen en la tabla 2.

Tabla 2. Géneros de hongos comestibles más cotizados para consumo alimenticio.

Géneros de hongos silvestres	Características morfológicas
Agaricus. **Es un amplio género de hongos, que pertenecen al orden de los Agaricales y a la familia de los Agaricaceae.**	Presentan un velo general no diferenciado del revestimiento de píleo. Sombrero frecuentemente convexo, de colores blancos, pálidos y marrones. Láminas libres al pie, de jóvenes cremosas o rosadas y en su madurez cafés a negruzcas; estípite central separable del píleo con un anillo membranoso sencillo o doble, superior o inferior.
Boletus. **Pertenece al orden Boletales y a la familia de los boletaceae.**	Forman un grupo de especies morfológicamente variable que presentan un himenóforo poroide, laminar, liso, tubular o dentado. En especial, la familia boletaceae se caracteriza por tener un himelío forrado de tubos, fácilmente separables del píleo, que desemboca en poros y cuyo tamaño y color característico depende de la especie. Una característica importante para la identificación de estos hongos es la tinción de color azul que sufre el hongo al ser recolectado, debido a la oxidación, aunque la intensidad de la coloración puede variar según la especie.
Lactarius. **Pertenece al orden de Russulales y a la familia Russulaceae.**	Este género se caracteriza por la secreción de látex del cuerpo fructífero cuando es cortado y por su coloración que varía entre azul obscuro y azul pálido. En general, su píleo mide entre 5 y 20 cm y de forma plana-convexa cuando son jóvenes y cóncavos cuando llegan a la madurez. Crecen en bosques templados y en diversas especies de este género se ha observado la asociación simbiótica a las raíces de los árboles.

Fuente: elaboración propia con información tomada de (Cano Estrada & Romero Bautista, 2016).

IMPORTANCIA ECONÓMICA

Los hongos silvestres comestibles junto con otros productos forestales no maderables (alimento, medicina, materiales de construcción, leña, entre otros.), constituyen un elemento relevante en la alimentación e ingresos de varios millones de hogares en todo el mundo, por lo que gobiernos e instituciones han comenzado a valorar su importancia dentro de las comunidades rurales, por su aporte a la autosuficiencia alimentaria y obtención de ingresos.

Aunado a lo anterior, el alto valor de algunos de ellos en los mercados nacionales e internacionales por ejemplo, especies de los géneros Morchella, Tricholoma y Boletus, junto con los vacíos legales existentes, pueden desplazar a los recolectores tradicionales, quienes usan normalmente este recurso como estrategia de subsistencia, por personas contratadas para recolectar grandes volúmenes, lo cual generalmente se realiza de forma desigual y desordenada, al acceder a tierras comunales y federales sin los permisos correspondientes y arrasar con las especies comerciales (Alvarado Castillo, Mata, & Benítez Badillo, 2015).

Ilustración 1. Género Morchella   *Ilustración 2. Género Tricholoma*    *Ilustración 3. Género Boletus*

En México, los hongos (cultivados y silvestres) no figuran en los sistemas de información oficiales los cuales determinan la relevancia social y la jerarquización de prioridades en las actividades productivas, por lo que existe una ausencia de políticas públicas, estrategias de mercado y fomento a la investigación científica en torno a este recurso. Ejemplo de ello, son las áreas de oportunidad desaprovechadas en hongos silvestres y medicinales con potencial de exportación.

LA DOMESTICACIÓN Y SU POTENCIAL EN LOS HONOS SILVESTRES COMESTIBLES

En la actualidad, el aprovechamiento racional de los hongos silvestres comestibles y su conservación a largo plazo necesitan de la gestión de las poblaciones naturales, basados en el conocimiento local y el desarrollo de técnicas para su domesticación. Esta puede conducir a un nuevo enfoque de conservación y aprovechamiento sostenible, constituyendo una respuesta ante el estado de vulnerabilidad de muchas especies en su medio natural, lo cual hace necesario analizar la viabilidad de esta opción (Alvarado Castillo, Mata, & Benítez Badillo, 2015).

Convencionalmente, cuando nos refiere al concepto de domesticación se hace referencia a un proceso por medio del cual plantas, animales y microorganismos son extraídos de su medio natural para adaptarlos a hábitats creados por el ser humano con fines de reproducción y consumo directo o indirecto. Este lleva implícito un proceso evolutivo como resultado de la selección y cruzamiento de una especie, así como el manejo de su entorno natural, para la obtención de características deseables, de tal manera que estas modificaciones genéticas sean acumuladas y heredadas a través del tiempo, para la obtención de fenotipos culturalmente deseados (Abbo, Lev Yadun, & Gopher, 2012).

Sin embargo, esta selección y manejo implica eliminar o retener ciertas características, conduciendo así a una alta uniformidad morfogenética, lo que supone un riesgo ante epidemias y enfermedades, así como una dependencia de la intervención humana (Krapovickas, 2011). Por lo tanto, la domesticación implica una serie de interrelaciones simbióticas y coevolutivas entre el hombre y el ambiente, que a su vez dependen del desarrollo cultural de los pueblos que la practican.

Tomando en cuenta lo anterior, el concepto convencional de domesticación en los hongos silvestres comestibles puede complementarse, pues integra aspectos sociales, culturales y biológicos, que se han desarrollado en diferentes direcciones y en varios niveles de organización (individual, comunidad y ecosistema); a través del tiempo y no únicamente en respuesta a presiones de subsistencia de los grupos sociales, sino como un proceso social y simbólico en el que la naturaleza es integrada a un sistema cultural. La influencia de todos estos factores (ecológicos, evolutivos, culturales y tecnológicos) hacen que sea un proceso dinámico y en continuo cambio (Meyer, DuVal, & Jensen, 2012).

Se han estimado a nivel mundial 1,5 millones de especies de hongos, los cuales se clasifican según su tamaño en micromicetos y macromicetos. Dentro de los primeros, se considera a las levaduras como los primeros en ser domesticados para la elaboración de quesos, cerveza u otros productos alimenticios, ocupando en la actualidad lugares importantes dentro de procesos biotecnológicos.

Otro ejemplo es la utilización de *Penicillium spp.* en la medicina y de *Saccharomyces spp.* para la elaboración de bioenergéticos, aplicación que se vislumbra como una de las más prometedoras a futuro. Con lo que respecta a los macromicetos u hongos superiores, existen aproximadamente 10 000 especies que producen cuerpos fructíferos, pero sólo 2 000 pertenecientes a 31 géneros, son consideradas comestibles. De esta cifra, alrededor de 100 se cultivan experimentalmente, 50 poseen valor económico y sólo 30 son comercialmente cultivadas, de acuerdo a Chang y Miles (2004). No obstante, Martínez Carrera y colaboradores (2007) mencionan que únicamente 10 especies se cultivan a nivel industrial, mientras Chang y Miles (2004) indican que son solo 6.

El potencial de domesticación de los hongos silvestres comestibles está limitado por el escaso conocimiento de su ciclo de vida e interrelaciones ecológicas, por lo que se siguen obteniendo mediante recolección (Savoie y Largeteau 2011). Esto implica constantes variaciones en los volúmenes colectados en su medio natural y un alto valor de mercado. Esta situación, ha motivado el desarrollo de investigar su cultivo y generar los principios para su domesticación. Al respecto, diversos estudios han demostrado que es posible obtener hongos en condiciones naturales, a través de su inoculación directa en campo o con el uso de plantas micorrizadas (Jiménez, Pérez Moreno, Almaraz Suárez, & Torres Aquino, 2013).

Lo anterior muestra que la domesticación y cultivo de hongos silvestres, es posible y puede darse a escala comercial, siempre y cuando se considere al bosque como una parte integral de este proceso, como se ha demostrado en la implementación de técnicas de producción de zetas (Reyna, 2012), esto con el descubrimiento de propiedades medicinales y nutracéuticas, aumentan cada día el interés en la investigación y desarrollo tecnológico para la implementación de la domesticación de los hongos (Sánchez & Mata, 2012).

Aunque existen avances en la domesticación convencional de géneros saprófitos, como *Lepista, Lentinula, Ganoderma y Agaricus*, las especies micorrícicas, por su condición, tienen que optar por otro tipo de esquema, cuyo potencial de manejo está estrechamente relacionado con la diversidad de especies forestales (Sánchez & Mata, 2012).

Ilustración 4. Lepista   *Ilustración 5. Lentinula*   *Ilustración 6. Ganoderma*   *Ilustración 7. Agaricus*

LA NECESIDAD DE DOMESTICACIÓN DE LOS HONGOS SILVESTRES COMESTIBLES

La necesidad de domesticación de los hongos silvestres comestibles se encuentra enmarcada en dos aspectos primordiales: el desconocimiento de la actividad y la creciente demanda de estos productos. El primer caso tiene como consecuencia que se le relegue de los temas prioritarios, se excluya de los esquemas de apoyos, servicios y acciones estratégicas del gobierno y del sector privado, impidiendo la generación de políticas públicas acordes a las necesidades de esta actividad (Alvarado Castillo, Mata, & Benítez Badillo, 2015).

Lo anterior, junto con la insuficiente información existente falta de organización formal, acceso a servicios profesionales, recursos para inversión y su desarticulación con otros sectores, provoca un alto riesgo de agotar este recurso debido a la sobreexplotación. Además, la afectación del hábitat natural donde se desarrollan, generada por la conversión a actividades agrícolas o ganaderas, que no siempre redundan en un mayor beneficio económico, comprometen su permanencia y causan efectos sociales y ambientales no deseables a largo plazo. Adicionalmente, la confirmación científica de las propiedades funcionales y medicinales de un gran número de hongos silvestres comestibles, así como el descubrimiento de sus compuestos bioactivos, se constituyen como la más reciente fortaleza para su domesticación y consecuente conservación y manejo del bosque (Martínez Peña, y otros, 2012).

En México se conocen alrededor de 70 especies que han sido utilizadas en prácticas de medicina tradicional para el tratamiento de 40 tipos de problemas de salud humana utilizadas como tratamiento alternativo o como parte de la dieta. Su valor nutracéutico incluye propiedades anticancerígenas, antibióticas (antimicrobianas, antivirales, antibacterianas y antiparasitarias), antioxidantes, reductoras del nivel de colesterol y la hipertensión, antidiabéticas, así como para potenciar el sistema inmunológico humano (Jiménez, Pérez Moreno, Almaraz Suárez, & Torres Aquino, 2013). Una de las más importantes es *Cantharellus cibarius* conocida tradicionalmente como "duraznito", cuyas concentraciones de bioactivos (fenoles, flavonoides y ácido ascórbico) le confieren eficacia antioxidante y antimicrobiana, por lo que tiene un alto valor terapéutico (Jiménez, Pérez Moreno, Almaraz Suárez, & Torres Aquino, 2013).

Ilustración 8. *Cantharellus cibarius*

Aunado a lo anterior, se ha reconocido el enorme potencial de los hongos silvestres comestibles como una fuente natural para el combate de la diabetes, la cual es un problema de salud pública en México, por lo que sus bioactivos naturales (polisacáridos, fibras, proteínas, entre otros.) pueden ser utilizados para la prevención, control y tratamiento de esta y otras enfermedades (Jiménez, Pérez Moreno, Almaraz Suárez, & Torres Aquino, 2013), por lo que estos productos forestales no maderables nativos tienen gran potencial para incorporarse en el corto plazo a la producción comercial de los hongos comestibles, funcionales y medicinales.

No obstante, es necesaria una mayor investigación de las propiedades, potencial e importancia de este recurso, ya que mucha de la información relacionada con estos hongos silvestres comestibles se encuentra en riesgo de desaparecer, ya que el campo mexicano está sufriendo de un fenómeno de migración, envejecimiento rural, perturbación y alteración de zonas forestales (urbanización, cambio de uso del suelo, deforestación) que están generado una pérdida del conocimiento tradicional por el abandono de las actividades rurales, además de una transición de los hábitos alimentarios debido a fenómenos de aculturación (Ruan Soto & García Santiago, Uso de los hongos macroscopicos: estado actual y prespectivas., 2013).

La domesticación de los hongos silvestres comestibles debe realizarse considerando que este recurso es parte inseparable del ecosistema forestal y del sistema sociocultural de las comunidades rurales. Por tanto, es necesario construir un entendimiento de cada especie en particular, el medio que los rodea y sus interacciones, con especial atención al manejo empírico y su integración a los agroecosistemas tradicionales, para establecer los principios de propagación y manejo bajo condiciones naturales; lo anterior puede, en un futuro no muy lejano, dar pie a su semicultivo in situ.

El potencial de utilización de diversas especies de hongos silvestres comestibles como fuente de alimento, ingresos y conservación del entorno ecológico, como un factor de transformación social en áreas rurales es enorme. Sin embargo, los estudios ecológicos y biotecnológicos de este importante recurso, a pesar de su gran relevancia, se encuentran en etapas incipientes. Esto pone en evidencia la importancia de recopilar, sistematizar, resguardar y difundir el conocimiento etnomicológico que existe en México, que es la base para generar procesos de domesticación, cultivo y aprovechamiento.

No obstante, este debe realizarse con un enfoque interdisciplinario y considerando todos los componentes que integran la recolección de estos hongos, especialmente su interacción con el bosque. El reconocimiento de la domesticación, desde este punto de vista, contribuiría a valorar la diversidad de este recurso, dar impulso a un modelo productivo que favorezca el equilibrio entre conservación y desarrollo, así como la creación de nuevas alternativas productivas que sean competitivas y sostenibles en un esquema de mercado nacional e internacional.

ESPECIES DE HONGOS CON POTENCIAL DE DOMESTICACIÓN

Algunas especies de hongos consideradas con alto potencial de cultivo por ser saprobias, destacan por ser valoradas alimenticia y culturalmente, se encuentran *Gymnopus dryophilus (Bull.)*, conocida popularmente como "clavitos de llano" y *Lycoperdon perlatum Pers.* o "terneritas"; este último tiene gran potencial medicinal debido a sus propiedades como cicatrizante, antioxidante y antimicrobiano (Alvarado Castillo, Mata, & Benítez Badillo, 2015).

Ilustración 9. Gymnopus dryophilus (Bull.)   *Ilustración 10. Lycoperdon perlatum Pers.*

En un estudio realizado por Díaz Talamantes y colaboradores en 2017, reportaron que el crecimiento miceliar de *Bovista aestivalis, Infundibulicybe squamulosa, I. gibba, Gymnopus dryophilus y Lycoperdon perlatum*, en medio sólido, fue mayor en los medios no convencionales como agar maíz y agar acículas de pino a 18 °C. *Gymnopus dryophilus y L. perlatum* mostraron valores más altos de invasión, densidad, tasa de crecimiento y producción de biomasa miceliar en semillas de sorgo suplementadas con acículas de pino al 10 %, utilizadas como fuente de inoculación, que en los granos sin suplemento; el tiempo de incubación fue menor.

Ilustración 11. Crecimiento miceliar in vitro de hongos comestibles silvestres

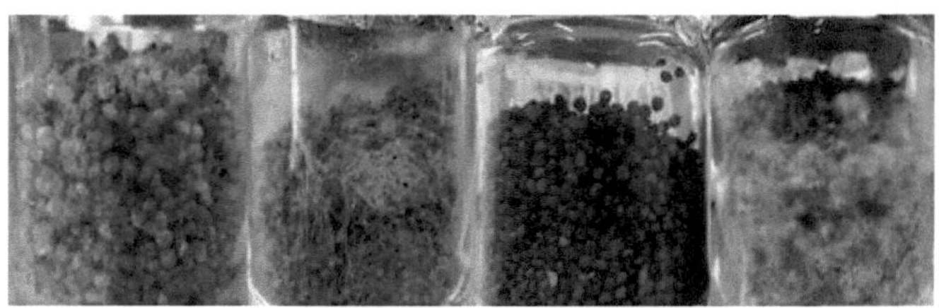

En el caso de *L. perlatum* es posible utilizar cultivo líquido para su producción, ya que la biomasa y la tasa de crecimiento en sorgo fueron muy bajas y no es viable elaborar inóculo a una escala mayor. La cepa de *G. dryophilus* es susceptible al cultivo; las condiciones óptimas se encuentran en medios sólidos a base de harina y en sorgo suplementado con acículas de pino, aproximadamente a 18 °C y pH cercano al neutro (Díaz Talamantes, Burrola Àguilar, Águilar Miguel , & Mata, 2017).

PROCESO DE PRODUCCIÓN DE HONGOS COMESTIBLES

Existen tres etapas involucradas en el proceso metodológico para la producción de hongos: la producción de la semilla o inóculo, la producción de hongos frescos y el manejo poscosecha; esto de acuerdo al manual de cultivo de hongos comestibles del Instituto de Ecología.

Inóculo o semilla:

La preparación de inóculo constituye la base para el cultivo comercial de hongos, y se refiere a la propagación o desarrollo masivo del hongo en granos de gramíneas. Este inóculo se aplica al sustrato (siembra), en el cual se desarrollan posteriormente los hongos (fructificación). El inóculo representa uno de los principales problemas para los productores comerciales de hongos, ya que, para su elaboración, es necesario un laboratorio de tipo microbiológico y un técnico altamente capacitado, lo que implica una mayor inversión en instalación y mantenimiento. El inóculo se puede adquirir con un proveedor particular o centro de investigación, y su calidad influirá directamente en la obtención de hongos frescos.

Ilustración 12. Inóculo o semilla para la producción de hongos.

Cultivo de hongos:

Se inicia con la construcción o adaptación de un local con las condiciones ambientales y los requerimientos para la especie de hongo que se planee producir. Para el cultivo de setas, el sustrato se somete a un proceso de tratamiento térmico (pasteurización), con el propósito de disminuir los microorganismos nocivos presentes en el sustrato; la pasteurización puede ser por medio de inyección de vapor o por inmersión en agua caliente. Posteriormente el sustrato se coloca en bolsas plásticas y se siembra con el inóculo (semilla). Las bolsas con sustrato inoculado se incuban en oscuridad (23-27°C) por un período de dos a tres semanas. La obtención de los hongos se logra 25 a 30 días posteriores a la siembra, bajo condiciones de luz, ventilación y humedad (75-90%).

Ilustración 13. Producción comercial de setas.

Manejo poscosecha:

Después de la cosecha, los hongos se comercializan frescos de manera inmediata o se refrigeran (2-3°C). Su comercialización se hace a granel o en empaque para evitar el maltrato, ya que este disminuye la calidad y con ello el costo. El tipo de empaque puede ser variado: charolas pequeñas cubiertas con película plástica transparente, cajas de cartón o canastillas plásticas. Los hongos pierden del 1 al 2 % de su peso inicial por día, por lo que es importante su rápida comercialización. El hongo en punto de venta se presenta, principalmente, fresco a granel y en menor cantidad enlatado.

Ilustración 14. Empaque de hongos para comercializar.

CONCLUSIÓN

Los hongos comestibles silvestres tienen un alto potencial económico y gastronómico, debido a sus propiedades nutricionales y medicinales. Actualmente son considerados como alimentos funcionales, pues además de sus propiedades nutricionales, se ha demostrado efectos benéficos para la salud que pueden ser utilizados en la prevención o tratamiento de enfermedades. Su acción terapéutica es atribuida a los compuestos bioactivos que poseen en sus cuerpos fructíferos.

Estas virtudes particulares hace necesario contemplarlos como una alternativa productiva viable social, económica y ecológicamente, que pudiera ser un factor para detonar el desarrollo de las zonas rurales. Para ello, el punto de partida deberá ser el rescate de los saberes tradicionales de las diferentes especies que se consumen en las regiones geográficas de nuestro país, que a su vez coadyuve a recopilar, sistematizar, resguardar y difundir el conocimiento etnomicológico, colocando las bases para generar procesos de domesticación, cultivo y aprovechamiento integral del este valioso recurso.

REFERENCIAS

Abbo, S., Lev Yadun, S., & Gopher, A. (2012). Plant Domestication and Crop Evolution in the Near East: On Events and Processes. . Critical Reviews in Plant Sciences , 241-257.

Aguirre Acosta, E., Ulloa, M., Aguilar, S., Cifuentes, J., & Valenzuela, R. (2014). Biodiversidad de hongos en México. Revista Mexicana de Biodiversidad , 76-81.

Alvarado Castillo, G., Mata, G., & Benítez Badillo, G. (2015). Importancia de la domesticación en la conservación de los hongos silvestres comestibles en México. Bosque , 151-161.

Bautista González, J., & Moreno Fuentes, A. (2014). Los hongos medicinales en México. En: Moreno-Fuentes, A., R. Garibay-Orijel (eds.), La Etnomicología en México. Estado del Arte. Red de Etnoecología y Patrimonio Biocultural (conacyt) - Universidad Autónoma del Estado de Hidalgo - Instituto de Biología un. México, D.F.

Bello Cervantes, E., Correa Metrio, A., Montoya, A., Trejo, I., & Ci-Fuentes, J. (2019). Variation of Ethnomycological Knowledge in a Community from Central Mexico. Journal of Fungal Diver- sity , 6-26.

Boa, E. (2005). Los hongos silvestres comestibles: prespectiva global de su uso e importancia para la población. Roma, Italia.: Organización de las Naciones Unidas para la Alimentación y la Agricultura.

Bonatti, M., Karnopp, P., Soares, H., & Furlan, S. (2004). Evaluation of Pleurotus ostreatus y Pleurotus sajorcajur nutricional characteristics when cultivated in differents lignocellulosic waste. ood Chemistry , 125-428.

Bonet, J., De Miguel, S., Martínez de Aragón, J., Pukala, T., & Palahí, M. (2012). . Immediate effect of thinning on the yield of Lactarius group deliciosus in Pinus pinaster forests in Northeastern Spain. . Forest Ecology and Management , 211-217.

Cano Estrada, A., & Romero Bautista, L. (2016). Valor económico, nutricional y medicinal de hongos comestibles silvestres. Chilena de Nutrición , 75-80.

Castillo Guevara, C., Lara, C., & Pérez, G. (2012). Micofagia por roedores en un bosque templado del centro de México. Revista Mexicana de Biodiversidad , 772-777.

Conceptos y Definiciones. (diciembre de 2020). Conceptos y Definiciones. From Conceptos y Definiciones: https://conceptodefinicion.de/hongos/

Contreras Cortés, L., Vázquez García, A., & Ruan Soto, F. (2018). Ethnomycology and mushroom selling in a market from Northwest Puebla, México. Scientia Fungorum , 47-55.

Del Moral, P., Contreras, A., Medel, R., & Ruan Soto, F. (2017). Hongos comestibles del cafetal.

Díaz Talamantes, C., Burrola Àguilar, C., Águilar Miguel , X., & Mata, G. (2017). In vitro mycelial growth of wild edible mushrooms from the central Mexican highlands . Revista Chapingo , 369-382.

Domínguez Romero, D., Arzaluz Reyes, J., Valdés Valdés, C., & Romero Popoca, N. (2015). Uso y manejo de hongos silvestres en cinco comunidades del municipio de Ocoyoacac, Estado de México. Tropical and Subtropical Agroecosystems , 133-143.

Gaitán Hernández, R., & Salmones, D. (2015). Uso de residuos lignocelulósicos para optimizar la producción de inóculo y la formación de carpóforos del hongo comestible Lentinula boryana. . Revista Mexicana de Ciencias Agrícolas , 1639-1652.

Garibay Orijel, R., & Ruan Soto, F. (2014). Listado de hongos silvestres consumidos como alimento tradicional en México. México, D.F.: La Etnomicología en México.

Garibay Orijel, R., & Ruan Soto, F. (n.d.). Listado de los hongos .

Jiménez, R., Pérez Moreno, J., Almaraz Suárez, J., & Torres Aquino, M. (2013). Hjiménez RHongos silvestres con potencial nutricional, medicinal y biotecnológico comercializados en Valles Centrales, Oaxaca. Revista Mexicana de Ciencias Agrícolas , 199-213.

Krapovickas, A. (2011). Sembrar, plantar, cultivar, domesticar. . Bonplandia , 419-426.

Lara Vázquez, F., Romero Contreras, A., & Burrola Aguilar, C. (2013). Conocimiento tradicional sobre los hongos silvestres en la comunidad otomí de San Pedro Arriba; Temoaya, Estado de México. . Agricultura, Sociedad y Desarrollo , 305-333.

Martínez Peña, F., De Miguel, S., Pukkala, T., Bonet, A., Ortega Martínez, P., Aldea, J., et al. (2012). Yield models for ectomycorrhizal mushrooms in Pinus sylvestris forests with special focus on Boletus edulis and Lactarius group de- liciosus. Forest Ecology and Management , 63-69.

Meyer, R., DuVal, A., & Jensen, H. R. (2012). Patterns and processes in crop domestication: an historical review and quantitative analysis of 203 global food crops. . New Phytologist , 29-48.

Montoya, A., Kong, A., Estrada Torres, A., Cifuentes, J., & Caballero, J. (2004). Useful wild fungi of la Malinche National Park, México. Fungal Diversity , 115-143.

Montoya, S., & Oregon, C. (2012). Growth, fruiting and lignocellu- lolytic enzyme production by the edible mushroom Grifo- lafrondosa (maitake). . World Journal of Microbiology and Biotechnology , 1533-1541.

Reyna, D. (2012). Reyna DS. 2012b. Introducción. Historia y Perspectivas de la Truficultura. In Reyna DS ed. Truficultura. Fundamentos y Técnicas. . Madrid, España. : Mundiprensa. .

Robaszkiewicz, A., Bartosz, G., Lawrynowicz, M., & Soszynski. (2010). The role of Polyphenols, f-carotene and Lycopene in the antioxidative action of the extracts of dried edible mush-rooms. Nutricional Metabolismo , 1-9.

Roncero Ramos, I. (2015). Propiedades nutricionales y saludables de los hongos. Centro Tecnológico de Investigación del Champiñon de la rioja , 12-23.

Ruan Soto, F. (2014). Micofilia o Micofobia: Estudio comparativo de la importancia cultural de los hongos comestibles entre grupos mayas de tierras altas y de tierras bajas de Chiapas México. Tesis de Doctorado .

Ruan Soto, F. (2014). Micofilia o Micofobia: Estudio comparativo de la importancia cultural de los hongos comestibles entre grupos mayas de tierras altas y de tierras bajas de Chiapas, México. México: Tesis de Doctorado Universidad Nacional Autónoma de México.

Ruan Soto, F. (2018). Recolección de hongos comestibles silvestres y estrategias para el reconocimineto de especies tóxicas entre los tsorsiles de Chamula, Chiapas, México. Scientia Fungorum , 1-13.

Ruan Soto, F., & García Santiago, W. (2013). Uso de los hongos macroscopicos: estado actual y prespectivas. CONABIO , 243-258.

Ruan Soto, F., Cifuentes, J., Mariaca, R., Limón , F., Pérez Ramírez, L., & Sierra , S. (2009). Uso y manejo de hongos silvestres en dos comunidades de la Selva Lacandona, Chiapas, México. Revista Mexicana de Micología , 61-72.

Ruiz Almenara, C., Gándara , M., & Gómez Hernández, M. (2019). Comparison of diversity and composition of macrofun- gal species between intensive mushroom harvesting and non-harvesting areas in Oaxaca, Mexico. PeerJ .

Sánchez, C. (2004). Modern aspects of mushroom culture technology. . Applled Microbiol Biotecnology , 1-15.

Sánchez, J., & Mata, G. (2012). Cultivo y aprovechamiento de macromicetos. Una tendencia global en crecimiento. Hongos comestibles y medicinales en Iberoamérica: investigación y desarrollo en un entorno multicultural. . Chiapas, México. : El Colegio de la Frontera Sur.

Savoie, J., & Largeteau, M. (2011). Production of edible mush- rooms in forests: trends in development of a mycosilvi- culture. Applied Microbiology and Biotechnology , 971-979.

Shepard , G. H., Arora, D., & Lampman, A. (2008). The grace of the flood: Classification and use of wild mushrooms among the highland maya of Chiapas. Economic Botany , 437-470.

Torres García, E. (2009). Estudio ecoclógico y frecuencia de mención de los hongos silvestres en el Parque Nac onal La Malinche, Tlaxcala.

Trigos, A., & Suárez Mecellín, J. (2010). Los hongos comoalimento funcionales y complementos alimenticios.

Valadez, R., Moreno Fuentes, A., & Gómez, G. (2011). Cujtlscochi, El Huitlacoche.

I want morebooks!

Buy your books fast and straightforward online - at one of world's fastest growing online book stores! Environmentally sound due to Print-on-Demand technologies.

Buy your books online at
www.morebooks.shop

¡Compre sus libros rápido y directo en internet, en una de las librerías en línea con mayor crecimiento en el mundo! Producción que protege el medio ambiente a través de las tecnologías de impresión bajo demanda.

Compre sus libros online en
www.morebooks.shop

KS OmniScriptum Publishing
Brivibas gatve 197
LV-1039 Riga, Latvia
Telefax: +371 686 204 55

info@omniscriptum.com
www.omniscriptum.com

Printed by Books on Demand GmbH, Norderstedt / Germany